上海对口支援新疆工作前方指挥部职业教育对口支援全覆盖项目教材
食品类专业教材系列

果蔬饮料加工

刘　岱　主　编

代书玲　副主编

科学出版社
北　京

内 容 简 介

　　本书以培养果蔬饮料生产技术人员职业能力为目标，以任务驱动、工作过程为导向，依据最新饮料加工卫生规范及饮料标准、产品标准设计项目，主要内容包括果蔬饮料加工岗位体验、果蔬汁（浆）及浓缩果蔬汁（浆）加工、果蔬汁（浆）类饮料加工、地方特色饮料加工 4 个项目，15 个任务，每个任务设有知识目标、技能目标、职业素养，满足教、学、做一体化的教学需要。

　　本书可作为职业教育食品类、农产品加工类相关专业教材，并可作为岗前、就业、转岗的培训教材。

图书在版编目（CIP）数据

果蔬饮料加工/ 刘岱主编. —北京：科学出版社，2019.4
　（上海对口支援新疆工作前方指挥部职业教育对口支援全覆盖项目教材·食品类专业教材系列）
　ISBN 978-7-03-060984-7

　Ⅰ. ① 果… Ⅱ. ① 刘… Ⅲ. ① 果汁饮料-食品加工-职业教育-教材
② 菜汁-食品加工-职业教育-教材　Ⅳ. ① TS275.5

中国版本图书馆 CIP 数据核字（2019）第 065458 号

责任编辑：沈力匀 / 责任校对：马英菊
责任印制：吕春珉/ 封面设计：耕者设计工作室

科 学 出 版 社 出版
北京东黄城根北街 16 号
邮政编码：100717
http://www.sciencep.com
新科印刷有限公司 印刷
科学出版社发行　　各地新华书店经销
*
2019 年 4 月第 一 版　　开本：787×1092　1/16
2019 年 4 月第一次印刷　　印张：8 1/2
字数：201 000
定价：32.00 元
（如有印装质量问题，我社负责调换〈新科〉）
销售部电话 010-62136230　编辑部电话 010-62135235

本书编写委员会

主　编　刘　岱

副主编　代书玲

编　者（按姓氏笔画排序）

卢洪秀　关小春　张　江　范丽平

阿布都肉苏力　陈　晶

前　　言

随着生活水平的提高，人们对于食品不但要求营养，更注重健康，果蔬饮料越来越受到人们的喜爱和关注。我国饮料产量逐年上升，2017 年增至 18051.2 万 t，其中果汁和蔬菜汁类饮料产量为 2228.5 万 t。我国是一个果蔬生产大国，新疆素以"瓜果之乡"著称，果蔬饮料加工原料来源丰富，产业基础雄厚。

根据教育部《南疆职业教育对口支援全覆盖工作方案》要求及上海市教育委员会支援南疆四县职业教育建设统一安排，上海农林职业技术学院承担了对口支援新疆莎车县技工学校的工作，共建农产品保鲜与加工专业，为当地培养农产品保鲜与加工行业急需的应用型技术人才。"果蔬饮料加工"是该专业的核心课程之一，为了更好地开展理实一体化教学，我们编写了本书。本书结构采用项目任务的形式，体现了任务导向和工作过程的系统化，产品生产设计兼顾了通用性及地域性，因此，并不局限于新疆当地职业学校作为教材使用，也可供其他地区开设食品类、农产品加工类专业的职业学校选用。

本书由莎车县技工学校刘岱任主编，上海农林职业技术学院代书玲任副主编，参加编写的还有莎车县技工学校的阿布都肉苏力、关小春，上海农林职业技术学院的张江、卢洪秀、范丽平、陈晶。

在编写本书的过程中，编者参考和引用了众多专家、学者的著作和论文，在此一并致以诚挚的谢意。

由于编者知识水平有限，编写时间仓促，书中难免有疏漏之处，敬请广大读者批评指正。

目　　录

项目一 果蔬饮料加工岗位体验

本项目主要介绍作为一名果蔬饮料加工岗位的工作人员，需要了解的饮料、果蔬汁类及其饮料的概念、分类和要求，果蔬饮料加工的工艺流程及常用设备，饮料用水的要求及处理方法，果蔬饮料生产中常用食品添加剂及其作用，饮料包装材料及标签要求，饮料生产卫生规范。

任 务 一　认 识 饮 料

☞ 知识目标

（1）了解饮料的概念和分类。
（2）了解果蔬汁类及其饮料的分类。

☞ 技能目标

（1）能分辨市场上常见果蔬饮料的类别。
（2）能进行饮料生产相关标准的查阅。

☞ 职业素养

（1）强化任务实施过程中的沟通交流能力。
（2）培养任务实施过程中的团队合作精神。

 任务导入

走进超市，各种饮料品种繁多，你知道它们分别属于什么类型的饮料吗？各种饮料又是如何分类的呢？

知识准备

一、饮料的概念

饮料也称饮品，《饮料通则》（GB/T 10789—2015）中规定：饮料是经过定量包装的，供直接饮用或按一定比例用水冲调或冲泡饮用的，乙醇含量（质量分数）不超过 0.5% 的制品。饮料也可为浓浆或固体形态。

饮料浓浆是以食品原辅料和（或）食品添加剂为基础，经加工制成的，按一定比例用水稀释或稀释后加入二氧化碳方可饮用的制品。

固体形态饮料是用食品原辅料、食品添加剂等加工制成的粉末状、颗粒状或块状等，供冲调或冲泡饮用的固态制品。

二、饮料的分类

《饮料通则》（GB/T 10789—2015）中把饮料分为包装饮用水类、果蔬汁类及其饮料、蛋白饮料、碳酸饮料、特殊用途饮料、风味饮料、茶（类）饮料、咖啡（类）饮料、植物饮料、固体饮料、其他类饮料 11 类，详细内容见表 1-1。

表 1-1　饮料的分类

序号	饮料大类		饮料中类及小类
	类别	定义	
1	包装饮用水类	以直接来源于地表、地下或公共供水系统的水为水源，经加工制成的密封于容器中可直接饮用的水	饮用天然矿泉水
			饮用纯净水
			其他类饮用水 ● 饮用天然泉水 ● 饮用天然水 ● 其他饮用水
2	果蔬汁类及其饮料	以水果和（或）蔬菜（包括可食的根、茎、叶、花、果实）等为原料，经加工或发酵制成的液体饮料	果蔬汁（浆）
			浓缩果蔬汁
			果蔬汁（浆）类饮料
3	蛋白饮料	以乳或乳制品，或其他动物来源的可食用蛋白或含有一定蛋白质的植物果实、种子或种仁等为原料，添加或不添加其他食品原辅料和（或）食品添加剂，经加工或发酵制成的液体饮料	含乳饮料 ● 配制型含乳饮料 ● 发酵型含乳饮料 ● 乳酸菌饮料
			植物蛋白饮料
			复合蛋白饮料
			其他蛋白饮料

续表

序号	饮料大类		饮料中类及小类
	类别	定义	
4	碳酸饮料	以食品原辅料和（或）食品添加剂为基础，经加工制成的，在一定条件下充入一定量二氧化碳气体的液体饮料，不包括由发酵自身产生二氧化碳的饮料	果汁型碳酸饮料
			果味型碳酸饮料
			可乐型碳酸饮料
			其他型碳酸饮料
5	特殊用途饮料	加入具有特定成分的、适应所有或某些人群需要的液体饮料	运动饮料
			营养素饮料
			能量饮料
			电解质饮料
			其他特殊用途饮料
6	风味饮料	以糖（包括食糖和淀粉糖）和（或）甜味剂、酸度调节剂、食用香精（料）等的一种或者多种作为调整风味的主要手段，经加工或发酵制成的液体饮料 注：不经调色处理，不添加糖（包括食糖和淀粉糖）的风味饮料为风味水饮料，如苏打水饮料、薄荷水饮料、玫瑰水饮料等	茶味饮料
			果味饮料
			乳味饮料
			咖啡味饮料
			风味水饮料
			其他风味饮料
7	茶（类）饮料	以茶叶或茶叶的水提取液或其浓缩液、茶粉（包括速溶茶粉、研磨茶粉）或直接以茶的鲜叶为原料，添加或不添加食品原辅料和（或）食品添加剂，经加工制成的液体饮料	原茶汁（茶汤）/纯茶饮料
			茶浓缩液
			茶饮料
			果汁茶饮料
			奶茶饮料
			复（混）合茶饮料
			其他茶饮料
8	咖啡（类）饮料	以咖啡豆和（或）咖啡制品（研磨咖啡粉、咖啡的提取液或其浓缩液、速溶咖啡等）为原料，添加或不添加糖（食糖、淀粉糖）、乳和（或）乳制品、植脂末等食品原辅料和（或）食品添加剂，经加工制成的液体饮料	浓咖啡饮料
			咖啡饮料
			低咖啡因咖啡饮料
			低咖啡因浓咖啡饮料
9	植物饮料	以植物或植物提取物为原料，添加或不添加其他食品原辅料和（或）食品添加剂，经加工或发酵制成的液体饮料	可可饮料
			谷物类饮料
			草本（本草）饮料
			食用菌饮料
			藻类饮料
			其他植物饮料

序号	饮料大类		饮料中类及小类
	类别	定义	
10	固体饮料	用食品原辅料、食品添加剂等加工制成的粉末状、颗粒状或块状等，供冲调或冲泡饮用的固态制品	风味固体饮料
			果蔬固体饮料
			蛋白固体饮料
			茶固体饮料
			咖啡固体饮料
			植物固体饮料
			特殊用途固体饮料
			其他固体饮料
11	其他类饮料	上述1～10类之外的饮料，其中经国家相关部门批准，可声称具有特定保健功能的制品为功能饮料	—

三、果蔬汁类及其饮料

《果蔬汁类及其饮料》（GB/T 31121—2014）把果蔬汁类及其饮料分为果蔬汁（浆）、浓缩果蔬汁（浆）、果蔬汁（浆）类饮料3类。

1. 果蔬汁（浆）

果蔬汁（浆）是以水果或蔬菜为原料，采用物理方法（机械方法、水浸提等）制成的可发酵但未发酵的汁液、浆液制品；或在浓缩果蔬汁（浆）中加入其加工过程中除去的等量水分复原制成的汁液、浆液制品。

果蔬汁（浆）可使用糖（包括食糖和淀粉糖）或酸味剂或食盐调整口感，但不得同时使用糖（包括食糖和淀粉糖）和酸味剂调整口感。可回添香气物质和挥发性风味成分，但这些物质或成分的获取方式必须采用物理方法，且只能来源于同一种水果或蔬菜。可添加通过物理方法从同一种水果和（或）蔬菜中获得的纤维、囊胞（来源于柑橘属水果）、果粒、蔬菜粒。

只回添通过物理方法从同一种水果或蔬菜获得的香气物质和挥发性风味成分，和（或）通过物理方法从同一种水果和（或）蔬菜中获得的纤维、囊胞（来源于柑橘属水果）、果粒、蔬菜粒，不添加其他物质的产品可声称100%。

2. 浓缩果蔬汁（浆）

浓缩果蔬汁（浆）是以水果或蔬菜为原料，从采用物理方法制取的果汁（浆）或蔬菜汁（浆）中除去一定量的水分制成的、加入其加工过程中除去的等量水分复原后具有果汁（浆）或蔬菜汁（浆）应有特征的制品。

浓缩果蔬汁（浆）可回添香气物质和挥发性风味成分，但这些物质或成分的获取方式必须采用物理方法，且只能来源于同一种水果或蔬菜。可添加通过物理方法从同一种水果和（或）蔬菜中获得的纤维、囊胞（来源于柑橘属水果）、果粒、蔬菜粒。

含有不少于两种浓缩果汁（浆）、或浓缩蔬菜汁（浆）、或浓缩果蔬汁（浆）和浓缩蔬菜汁（浆）的制品为浓缩复合果蔬汁（浆）。

3. 果蔬汁（浆）类饮料

果蔬汁（浆）类饮料是以果蔬汁（浆）、浓缩果蔬汁（浆）、水为原料，添加或不添加其他食品原辅料和（或）食品添加剂，经加工制成的制品。

果蔬汁（浆）类饮料可添加通过物理方法从水果和（或）蔬菜中获得的纤维、囊胞（来源于柑橘属水果）、果粒、蔬菜粒。

果蔬汁类及其饮料分类见表1-2。

表1-2 果蔬汁类及其饮料分类

果蔬汁类及其饮料分类		定义
果蔬汁（浆）	原榨果汁（非复原果汁）	以水果为原料，采用机械方法直接制成的可发酵但未发酵的、未经浓缩的汁液制品。采用非热处理方式加工或巴氏杀菌制成的原榨果汁（非复原果汁）可称为鲜榨果汁
	果汁（复原果汁）	在浓缩果汁中加入其加工过程中除去的等量水分复原而成的制品
	蔬菜汁	以蔬菜为原料，采用物理方法制成的可发酵但未发酵的汁液制品，或在浓缩蔬菜汁中加入其加工过程中除去的等量水分复原而成的制品
	果浆/蔬菜浆	以水果或蔬菜为原料，采用物理方法制成的可发酵但未发酵的浆液制品，或在浓缩果浆或浓缩蔬菜浆中加入其加工过程中除去的等量水分复原而成的制品
	复合果蔬汁（浆）	含有不少于两种果汁（浆）或蔬菜汁（浆）、或果汁（浆）和蔬菜汁（浆）的制品
浓缩果蔬汁（浆）		同果蔬汁（浆）
果蔬汁（浆）类饮料	果蔬汁饮料	以果汁（浆）、浓缩果汁（浆）或蔬菜汁（浆）、浓缩蔬菜汁（浆），以及水为原料，添加或不添加其他食品原辅料和（或）食品添加剂，经加工制成的制品
	果肉（浆）饮料	以果浆、浓缩果浆、水为原料，添加或不添加果汁、浓缩果汁、其他食品原辅料和（或）食品添加剂，经加工制成的制品
	复合果蔬汁饮料	以不少于两种果汁（浆）、浓缩果汁（浆）、蔬菜汁（浆）、浓缩蔬菜汁（浆）、水为原料，添加或不添加其他食品原辅料和（或）食品添加剂，经加工制成的制品
	果蔬汁饮料浓浆	以果汁（浆）、蔬菜汁（浆）、浓缩果汁（浆）或浓缩蔬菜汁（浆）中的一种或几种，以及水为原料，添加或不添加其他食品原辅料和（或）食品添加剂，经加工制成的，按一定比例用水稀释后方可饮用的制品
	发酵果蔬汁饮料	以水果或蔬菜、或果蔬汁（浆）、或浓缩果蔬汁（浆）经发酵后制成的汁液，以及水为原料，添加或不添加其他食品原辅料和（或）食品添加剂的制品，如苹果、橙、山楂、枣等经发酵后制成的饮料
	水果饮料	以果汁（浆）、浓缩果汁（浆）、水为原料，添加或不添加其他食品原辅料和（或）食品添加剂，经加工制成的果汁含量较低的制品

四、果蔬汁类及其饮料技术要求

1. 原辅料要求

（1）原料应新鲜、完好，并符合相关法规和国家标准等。应采用可使用物理方法保藏的，或采用国家标准及有关法规允许的适当方法（包括采后表面处理方法）维持完好状态的水果、蔬菜或干制水果、蔬菜。

（2）其他原辅料应符合相关法规和国家标准等。

2. 感官要求

感官要求应符合表 1-3 的规定。

表 1-3　感官要求

项目	要求
色泽	具有与所标示的该种（或几种）水果、蔬菜制成的汁液（浆）相符的色泽，或具有与添加成分相符的色泽
滋味和气味	具有所标示的该种（或几种）水果、蔬菜制成的汁液（浆）应有的滋味和气味，或具有与添加成分相符的滋味和气味；无异味
组织状态	无外来杂质

3. 理化要求

理化要求应符合表 1-4 的规定。

表 1-4　理化要求

产品类别	项目	指标或要求	备注
果蔬汁（浆）	果汁（浆）或蔬菜汁（浆）含量（质量分数）/%	100	至少符合一项要求
	可溶性固形物含量/%	符合《果蔬汁类及其饮料》（GB/T 31121—2014）附录 B 中表 B.1 和表 B.2 的要求	
浓缩果蔬汁（浆）	可溶性固形物的含量与原汁（浆）的可溶性固形物含量之比	≥2	—
果汁饮料 复合果蔬汁（浆）饮料	果汁（浆）或蔬菜汁（浆）含量（质量分数）/%	≥10	—
蔬菜汁饮料	蔬菜汁（浆）含量（质量分数）/%	≥5	—
果肉（浆）饮料	果浆含量（质量分数）/%	≥20	—
果蔬汁饮料浓浆	果汁（浆）或蔬菜汁（浆）含量（质量分数）/%	≥10（按标签标示的稀释倍数稀释后）	—
发酵果蔬汁饮料	经发酵后的液体的添加量折合成果蔬汁（浆）（质量分数）/%	≥5	—
水果饮料	果汁（浆）含量（质量分数）/%	≥5 且 <10	—

注：（1）可溶性固形物含量不含添加糖（包括食糖、淀粉糖）、蜂蜜等带入的可溶性固形物含量。

（2）果蔬汁（浆）含量没有检测方法的，按原始配料计算得出。

（3）复合果蔬汁（浆）可溶性固形物含量可通过调兑时使用的单一品种果汁（浆）和蔬菜汁（浆）的指标要求计算得出。

4. 食品安全要求

（1）食品添加剂和食品营养强化剂要求。

食品添加剂和食品营养强化剂要求应符合《食品安全国家标准　食品添加剂使用标准》（GB 2760—2014）和《食品安全国家标准　食品营养强化剂使用标准》（GB 14880—2012）的规定。

（2）其他食品安全要求。

其他食品安全要求应符合相应的食品安全国家标准。

 任务实施

市场调研并搜集不同饮料的资料

【实施准备】

（1）分组搜集若干不同类型饮料的图片或实物。

（2）利用课余时间去超市饮料区调研果蔬汁饮料。

【实施步骤】

（1）辨别饮料的类别：

① 组内人员根据搜集的饮料图片或实物辨别饮料大类和中类。

② 组间人员互换饮料图片或实物，辨别饮料大类和中类。

（2）课余时间去超市分别找出下列果蔬汁类及其饮料产品，阅读标签并填写表1-5。

表1-5　果蔬汁类及其饮料产品

产品类型	产品举例	配料表
果蔬汁（浆）		
原榨果汁（非复原果汁）		
果汁（复原果汁）		
蔬菜汁		
果浆/蔬菜浆		
复合果蔬汁（浆）		
浓缩果蔬汁（浆）		
果蔬汁（浆）类饮料		
果蔬汁饮料		
果肉（浆）饮料		
复合果蔬汁饮料		
果蔬汁饮料浓浆		
发酵果蔬汁饮料		
水果饮料		

任务评价

填写表 1-6 任务评价表。

表 1-6 任务评价表

任务名称				姓名		学号	
评价内容		评价标准	配分	评分			
				自评（占 10%）	组间评（占 30%）	教师评（占 60%）	
1	基本知识	熟悉基本概念，能说出饮料分类	20				
2	任务领会与计划	理解目标要求，能查阅相关标准，制定任务实施方案	10				
3	任务实施	能根据要求准备饮料实物或图片，并根据任务实施方案在规定的时间内完成任务，听从教师指挥	30				
4	项目验收	根据饮料类别辨认情况及报告完成情况进行验收	10				
5	工作评价与反馈	针对任务的完成情况进行合理分析，对存在的问题展开讨论，提出修改意见	10				
6	职业素养	考勤	不迟到、不早退，中途不离开任务实施现场	10				
		团结协作	相互配合，服从组长的安排。发言积极主动，认真完成任务	10			
综合评分（自评分×10%＋组间评分×30%＋教师评分×60%）							
评语							

 任务思考

（1）《饮料通则》（GB/T 10789—2015）中把饮料分为哪些大类？

（2）果蔬汁类及其饮料产品必须符合什么要求才可声称 100%？

 知识拓展

（1）查阅《饮料通则》（GB/T 10789—2015）。

（2）查阅《果蔬汁类及其饮料》（GB/T 31121—2014）。

任务二　认识果蔬饮料加工设备

 **知识目标**

（1）了解果蔬饮料加工的一般工艺流程。
（2）了解果蔬饮料加工所用设备及功能。

技能目标

（1）能画出一种果蔬饮料的生产工艺流程。
（2）能说出饮料加工的主要设备及其功能。

职业素养

强化任务实施过程中的安全和责任意识。

 任务导入

你知道果蔬饮料是怎样加工出来的吗？又需要用到哪些设备呢？让我们一起来认识一下。

 知识准备

一、果蔬饮料加工的一般工艺流程

制作各种不同类型的果蔬饮料，主要区别在于后续工艺，首先都需要进行原果汁的生产。一般原料需要经过选择、洗涤、预处理、压榨取汁或浸提取汁、粗滤，这些为共同的工艺，是果蔬饮料必经的加工途径。而原果汁或粗滤液的澄清、过滤、均质、脱气、浓缩、干燥等工序为后续工艺，是制作某产品的特定工艺。其工艺流程如图1-1所示。

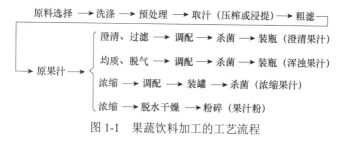

图1-1　果蔬饮料加工的工艺流程

果汁在加工过程中应尽量减少和空气接触的机会，减少受热的影响，防止微生物和金属污染，以免影响产品的色香味及造成维生素的损失。

二、实训室果蔬饮料加工的主要设备

实训室果蔬饮料加工设备以小型为主，原理上与工业所用设备基本相同，只是规格型号不同。饮料工业所用设备将在后面项目中进行介绍。

图 1-2 为某实训室果蔬饮料加工小型生产线。

图 1-3 为果蔬清汁与浊汁生产流程与设备。

1. 水处理系统

图 1-4 为实训室小型水处理系统，主要用于制备饮料加工所用的纯水。

2. 多功能提取罐

图 1-2　某实训室果蔬饮料加工小型生产线

图 1-5 为多功能提取罐，主要用于茶叶、药材、红枣等的浸取。

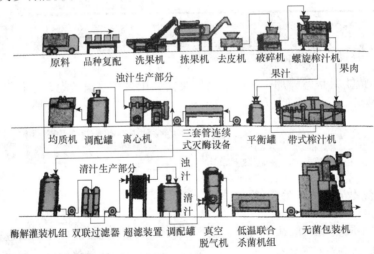

图 1-3　果蔬清汁与浊汁生产流程与设备

图 1-4　实训室小型水处理系统

图 1-5　多功能提取罐

3. 原果清洗装置

图 1-6 为原果清洗装置，主要实现水果自动清洗、传送。

4. 原果破碎机

图 1-7 为原果破碎机，主要利用高速旋转的刀片对物料进行破碎。

图 1-6　原果清洗装置　　　　　　　　　图 1-7　原果破碎机

5. 螺旋榨汁机

图 1-8 为螺旋榨汁机，主要适用于番茄、菠萝、胡萝卜、苹果等果蔬类的压榨取汁。

6. 双道打浆机

图 1-9 为双道打浆机，主要适用于经过破碎预煮后的仁果类及各类浆果类水果的浆渣分离。其一道为粗打浆、二道为细打浆，两道筛网的孔径可根据物料要求选定。

图 1-8　螺旋榨汁机　　　　　　　　图 1-9　双道打浆机

7. 离心设备

常用的离心设备有三足式离心机（图 1-10）、碟片式离心机（图 1-11）等，主要用于果汁澄清、去渣。

图 1-10　三足式离心机　　　　　图 1-11　碟片式离心机

8. 高剪切配料罐

图 1-12 是高剪切配料罐，能进行加热和高速搅拌，主要用于各种原辅料的溶解调配。

9. 三层酶解罐

图 1-13 是三层酶解罐，具有加热、冷却和保温、搅拌功能，广泛用于乳品、饮料、果酒等行业的搅拌、酶解。

图 1-12　高剪切配料罐　　　　　图 1-13　三层酶解罐

10. 胶体磨

图 1-14 是胶体磨，能使物料乳化、分散、均质和超细粉碎。

11. 均质机

图 1-15 是均质机，通过均质，使果汁中果粒的粒径更细，分布更均匀，防止分层，可改善料液的外观，延长保质期，节省添加剂的使用。

图 1-14　胶体磨

图 1-15　均质机

12. 双联过滤器

图 1-16 是双联过滤器,适用于去除鲜奶、糖液、饮料等液体中各种肉眼看不见的固体杂质。

13. 真空脱气机

图 1-17 是真空脱气机,能去除料液中的空气(氧气),抑制褐变及色素、维生素、香成分和其他物质的氧化,防止品质降低;去除附着于料液中的悬散气体微粒,抑制气体微粒上浮,保持良好外观;防止灌装和高温杀菌时起泡而影响杀菌;减少对容器内壁的腐蚀。

图 1-16　双联过滤器

图 1-17　真空脱气机

14. 升膜/降膜浓缩蒸发器

图 1-18 是升膜/降膜浓缩蒸发器,适用于多种热敏性液体物料在蒸发器内连续蒸发浓缩。

15. 管式热交换超高温杀菌机

图 1-19 是管式热交换超高温杀菌机,适用于鲜奶、果汁饮料、酒类等热敏性液体的加热、杀菌、保温和冷却等。

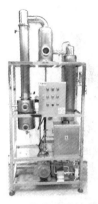

图 1-18　升膜/降膜浓缩蒸发器　　　　图 1-19　管式热交换超高温杀菌机

16. 酸奶、果酒发酵系统

图 1-20 是酸奶、果酒发酵系统,能进行酸奶、果酒的控温发酵。

17. 无菌灌装室

图 1-21 是无菌灌装室,能进行产品的无菌灌装。

图 1-20　酸奶、果酒发酵系统　　　　图 1-21　无菌灌装室

图 1-22　CIP 系统

18. CIP 系统

图 1-22 是 CIP(clean in place,就地清洗或原位清洗)系统。它采用高温、高浓度的清洗液,对设备装置加以强力作用,使与食品接触的表面洗净,广泛用于乳品、果汁、果浆、果酱、酒类等机械化程度较高的食品饮料加工企业中。

任务实施

参观考察饮料生产车间或加工实训室

【实施准备】

设备较为齐全的饮料加工实训室或饮料生产车间。

【实施步骤】

（1）参观饮料生产车间或加工实训室，画出一种果蔬汁饮料的生产工艺流程。

（2）说出饮料加工的主要设备及其功能。

 任务评价

填写表1-7任务评价表。

表1-7　任务评价表

任务名称			姓名		学号	
评价内容		评价标准	配分	评分		
				自评（占10%）	组间评（占30%）	教师评（占60%）
1	基本知识	熟悉基本概念，能说出饮料加工的一般工艺流程、主要设备及其功能	20			
2	任务领会与计划	理解任务目标要求，能查阅相关资料，制定任务方案	10			
3	任务实施	能根据任务方案参观实训室，听从教师讲解和指挥	30			
4	项目验收	用示意图画出一种果蔬汁饮料生产工艺流程	10			
5	工作评价与反馈	针对任务的完成情况进行合理分析，对存在的问题展开讨论，提出修改意见	10			
6	职业素养	考勤	不迟到、不早退，中途不离开任务实施现场	5			
		安全	认真看教师演示设备操作，不乱动仪器设备	5			
		卫生	保持实训室清洁卫生	5			
		团结协作	相互配合，服从组长的安排。发言积极主动，认真完成任务	5			
综合评分（自评分×10%＋组间评分×30%＋教师评分×60%）						
评语						

任务思考

（1）试述果蔬饮料生产的一般工艺流程。
（2）什么是 CIP 系统？CIP 系统工作的内容有哪些？

知识拓展

CIP 系统

一、CIP 系统的概念

CIP 系统是指不拆卸设备或元件，在密闭的条件下，用一定温度和浓度的清洗液对清洗装置加以强力作用，使与食品接触的表面洗净和杀菌的一种清洗系统。

二、CIP 系统的工作内容

1. 酸、碱清洗剂的制备

（1）在碱液罐中加入氢氧化钠配成 2.0%～2.5%的溶液，控制碱液温度在 80～90℃。
（2）在酸液罐中加入硝酸配成 1.5%～2.0%的溶液，控制酸液温度在 65～75℃。

2. 清洗前的准备

清洗前打开清洗罐的进口、出口阀门，使 CIP 系统处于回流状态，启动离心泵，打开板式加热器的蒸汽阀门，将清洗液加热至规定的温度。

3. CIP 系统工作过程

1）CIP 系统的 5 步清洗法
（1）将要清洗的单元管件连接好，打开阀门，形成回路。
（2）预清洗：用清水冲洗管道 5～10min，冲掉管路内残液。
（3）碱洗：用准备好的碱液循环冲洗 30min。具体方法为关闭清水罐的同时打开碱液罐阀门，先将管道内的清水排放掉，然后关闭排污阀门，打开碱液回流阀门，使清洗后的碱液回流至碱液罐。
（4）水洗：用清水冲洗管道 5～10min。具体方法为关闭碱液罐阀门，同时打开清水罐阀门，先将管道内的碱液顶回碱液罐，然后打开排污阀门。
（5）酸洗：用酸液循环冲洗 15min。具体方法为关闭清水罐，同时打开酸液罐阀门，先将管道内的清水排放掉，然后关闭排污阀门使酸液回流至酸液罐。
（6）水洗：用清水冲洗 5～10min。具体方法为关闭酸液罐阀门，同时打开清水罐阀门，先将管道内的酸液顶回酸液罐，然后打开排污阀门。

（7）清洗结束时，应用 pH 试纸检查管道内的水是否达到中性（pH 为 6.5～7.0），若不是中性，应重新用清水冲洗。

2）CIP 系统的 3 步清洗法

（1）将要清洗的单元管件连接好，打开阀门，形成回路。

（2）预清洗：用清水冲洗管道 5～10min，冲掉管路内残液。

（3）碱洗：用准备好的碱液循环冲洗 30min。具体方法为关闭清水罐，同时打开碱液罐阀门，先将管道内的清水排放掉，然后关闭排污阀门，打开碱液回流阀门，使清洗后的碱液回流至碱液罐。

（4）水洗：用清水冲洗 5～10min。具体方法为关闭碱液罐阀门，同时打开清水罐阀门，先将管道内的碱液顶回碱液罐，然后打开排污阀门。

（5）清洗结束时，应用 pH 试纸检查管道内的水是否达到中性（pH 为 6.5～7.0），若不是中性，应重新用清水冲洗。

3）生产前管道杀菌

（1）预清洗：用清水冲洗管道 10min。

（2）水洗：用 95℃清水冲洗管道 20min。

应根据需要选用 5 步清洗法或 3 步清洗法。

任务三　掌握饮料加工用水的要求及其处理工艺

☞ **知识目标**

（1）了解饮料用水的来源及种类。

（2）了解天然水中的杂质及对饮料生产的影响。

（3）掌握饮料用水的处理工艺。

☞ **技能目标**

（1）能说出饮料用水处理工艺中所涉及的主要设备及功能。

（2）能运行反渗透水处理设备。

☞ **职业素养**

（1）强化任务实施过程中的安全意识。

（2）培养任务实施过程中细心、严谨的工作态度。

任务导入

我们平时饮用的自来水能直接用来加工饮料吗？饮料加工用水有什么要求呢？又需要经过哪些处理程序呢？

知识准备

水是饮料生产的主要原料之一，水质的好坏将直接影响饮料产品的质量。目前，大多数饮料厂备有完善的水处理设备系统，个别小型饮料厂直接采用自来水或井水等生产饮料，容易产生沉淀、变质、变色等现象。因此，饮料用水的来源及处理工艺对饮料生产具有重要的意义。

一、饮料用水的来源及种类

1. 饮料用水的来源

（1）地下水：指井水、泉水、自流井水等。

（2）地表水：指河水、江水、湖水、水库水、池塘水等。

（3）自来水：其经过适当的水处理工艺，水质达到一定要求并储存在水塔中。

2. 饮料用水的种类

（1）饮料生产用水：主要是指用于饮料生产的水，首先要求符合《生活饮用水卫生标准》（GB 5749—2006），但饮料生产对水质的要求往往高于生活饮用水标准，如硬度、浊度、色度、碱度等指标，因此饮料生产用水往往需要经过特殊处理才能满足生产的需要。

（2）一般用水：主要是指饮料生产中的辅助用水，用于饮料原料和包装容器的清洗、饮料设备及附属器具的清洗等。这种水必须符合《生活饮用水卫生标准》（GB 5749—2006），要求无色透明、无臭无味、安全卫生，不得含有有害离子，细菌总数要求在允许范围内。

（3）冷却用水：其水质要求不太严格，只要不混入饮料，水质无须达到《生活饮用水卫生标准》（GB 5749—2006），没有必要除去其色泽、气味等。但是需要注意，由于硬水容易结垢，用前需考虑进行软化。由于冷却水用量较大，工厂多采用循环利用。

二、天然水中的杂质及对饮料生产的影响

1. 悬浮物质

其粒径大于 0.2μm，主要指泥沙、动物残屑、浮游生物及微生物。悬浮杂质会引起饮料的沉淀和变质。

2．胶体物质

其粒径在 0.001～0.2μm，主要指黏土性无机胶体，动植物残骸分解的腐殖质、腐殖酸等有机胶体。胶体物质会引起饮料的浑浊和变色。

3．水溶性杂质

其粒径一般在 0.001μm 以下，主要是一些溶解性盐类、低分子有机物和一些溶解性气体。

水体中主要存在的阳离子有 K^+、Na^+、Ca^{2+}、Mg^{2+}、Fe^{2+}、Fe^{3+}、Mn^{2+}、Zn^{2+}、NH_4^+、Al^{3+}，主要存在的阴离子有 Cl^-、SO_4^{2-}、NO_3^-、$H_2PO_4^-$、CO_3^{2-}、HCO_3^-、SiO_3^{2-}。

上述离子的存在构成了水的硬度、碱度和色度。

1）水的硬度

水的总硬度是指水中 Ca^{2+}、Mg^{2+} 的总量，它包括暂时硬度和永久硬度。水中 Ca^{2+}、Mg^{2+} 以酸式碳酸盐形式存在的部分，因其遇热即形成碳酸盐沉淀而被除去，故称为暂时硬度；而以硫酸盐、硝酸盐和氯化物等形式存在的部分，因其性质比较稳定，故称为永久硬度。

硬度的通用单位为 mmol/L，也可用德国度表示，即 1L 水中含有 10mg CaO 的硬度为 1°dH。这也是我国目前普遍使用的一种表示水的硬度的方法。其换算关系为 1mmol/L＝2.804°dH＝50.045mg/L（以 $CaCO_3$ 表示）。

饮料用水的水质要求硬度小于 8.5°d。硬度高会产生碳酸钙沉淀和有机酸钙盐沉淀，影响产品口味及质量。使用高硬度的水还会使洗瓶机、浸瓶槽、杀菌槽等产生污垢，使包装容器发生污染，增加烧碱的用量。因此，高硬度的水必须经过软化处理。

2）水的碱度

水的碱度是指水样中含有能与强酸发生中和作用的物质的总量，主要包括水样中存在的碳酸盐、总碳酸盐及氢氧化物。水的碱度对饮料的影响有：①与有机酸反应改变风味；②降低酸度，使微生物容易生存；③与果汁中的某些成分反应，产生沉淀；④与金属离子反应形成水垢；⑤影响二氧化碳的溶解度等。

3）水的色度

水的色度是指除去水中悬浮物后，水样色泽的深浅。腐殖质、腐殖酸、微生物代谢物及铁、锰等盐类都会使水产生一定的色度，从而影响饮料的外观和味道，可采用活性炭吸附法予以除去。

三、饮料用水的处理

果蔬饮料生产用水要求极为严格，因此必须对不符合饮料用水要求的水质进行改良，这个过程称为水处理。水处理的目的是除去水中的固体物质，降低其硬度和碱度，杀灭微生物及除异味等。一般需要对水源来水进行净化、软化、除盐及消毒处理。但并不是对每一种水源（如井水、泉水、湖水、河水、自来水等）都需要进行这几种处理，对水质较差的水源，如湖水、河水的处理就较复杂；而对较洁净的自来水，处理就较为简单。

不同饮料厂因为采用的水源及对水质的要求不同，选择的处理工艺和设备也会有所不同。下面以某饮料厂不同用途的水处理工艺流程（图 1-23）为例，说明水处理过程。

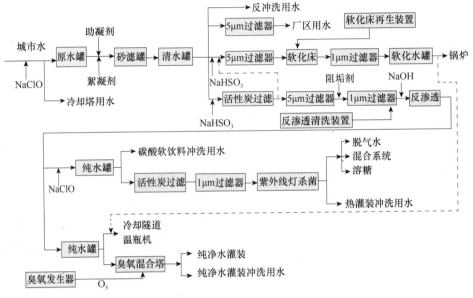

图 1-23 某饮料厂不同用途的水处理工艺流程

1. 化学溶液注入装置

常用化学试剂及其用途见表 1-8，化学溶液注入装置和试剂的加入部位如图 1-24 所示。

表 1-8 水处理中常用化学试剂及其用途

化学试剂	用途
NaClO	1～3mg/L，可以限制水中细菌的生长
NaHSO$_3$	减少水中 NaClO 的含量
助凝剂	使水中胶体颗粒物质变得不稳定
絮凝剂	结合不稳定的胶体物质成为大颗粒，便于过滤
阻垢剂	防止水中矿物质在浓缩时产生沉淀，污染膜组件，在反渗透膜上形成一层光滑薄膜，可保证反渗透系统的回收率
NaOH	在反渗透膜的二级进水口处调节 pH

2. 多介质过滤器

在过滤器中填充一种石英砂滤料的称为砂过滤器，填充两种以上过滤介质的则称为多介质过滤器，也称为压力过滤器。多介质过滤器是水处理系统中去除悬浮固体最有效的处理设备，通常为自流式设计。多介质过滤器通常由不锈钢材料制成，呈圆柱体状，其示意图如图 1-25 所示。

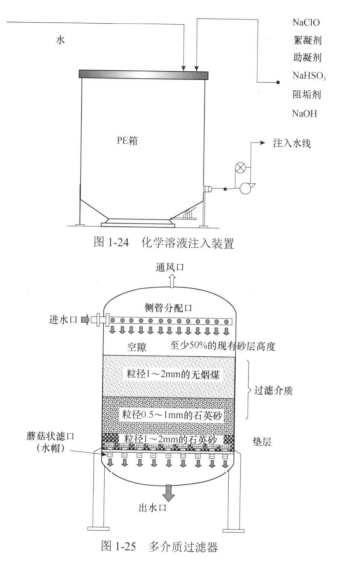

图 1-24　化学溶液注入装置

图 1-25　多介质过滤器

多介质过滤器装有不同粒径的滤料，一般为 3～5 个级配，大颗粒的石英砂装在下面，小颗粒的石英砂装在中间，上层为无烟煤，总高度在 1m 左右。

自来水中的固体颗粒一般悬浮在水中，称为悬浮物。其表面带负电荷，由于静电斥力的存在而不易沉淀。多介质过滤器中加入带正电的絮凝剂后，可以中和悬浮物表面的负电荷，使微小的悬浮物相互凝聚成大的颗粒，沉积在多介质过滤器滤料的上表面而除去。

多介质过滤器除去固体颗粒的效果一般用 SDI（silting density index，污泥密度指数，是水质指标的重要参数之一）来表示，SDI 一般小于 5，出水的浊度以小于 0.5NTU（neph-elometric turbidity unit，比浊法浊度单位）为宜。

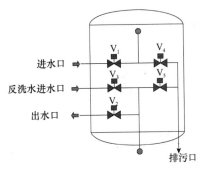

图 1-26　多介质过滤器阀门

为了移去多介质过滤器中已经沉积的悬浮固体，要多次反洗、正洗多介质。通过测试出水口水的浊度，以及过滤器进口、出口的压力差来确定是否需要反洗。当压差超过 0.12MPa 时，可考虑进行反洗操作，以防止滤料结块。反洗时，因床层膨胀，所以要求有至少 50%的床层空隙（现有砂层高度）。多介质过滤器阀门如图 1-26 所示，反洗及正洗操作程序见表 1-9。

表 1-9　多介质过滤器反洗及正洗操作程序

步骤	阀门状态					时间/min
	V_1	V_2	V_3	V_4	V_5	
正常操作	☞	☞	—	—	—	—
反洗	—	—	☞	☞	—	15
正洗	☞	—	—	—	☞	10

注：☞表示开启，V_1～V_5表示阀门（全书同）。

3. 活性炭过滤器

活性炭过滤器（图 1-27）内下层装有 20cm 高的石英砂，石英砂上面装有 80～100cm 高的活性炭。活性炭内有很多小孔，比表面积很大，1g 活性炭有 500～1000m² 的表面积。当水流过活性炭时，水中的胶体、有机物就吸附在活性炭微孔的表面。活性炭是一种还原剂，可以和具有氧化性的余氯反应生成 CO_2，从而除去余氯。

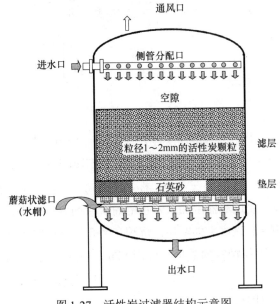

图 1-27　活性炭过滤器结构示意图

活性炭过滤器的阀门分布及反洗、正洗操作程序与多介质过滤器相同。

活性炭吸附一段时间后，吸附能力会下降，再生操作可以恢复活性炭的吸附能力，可通过检测水中余氯含量和微生物含量决定何时进行再生操作。

再生操作的步骤如下：①反洗 15min；②注入蒸汽，温度达到 85℃，保持该温度 2h，然后自然冷却；③正洗 15min；④反洗和正洗各 5min。

此外，活性炭可能成为细菌和热原性生物的滋生地，所以应定期更换以避免细菌生长。

4. 软化床

软化床是用于水处理的主要离子交换系统（图 1-28），常用的树脂为钠型离子交换树脂。水处理过程中，通过交换树脂中的 Na^+ 与水中的 Ca^{2+}、Mg^{2+} 进行置换反应，以降低水的永久硬度。其反应式为

$$Ca^{2+}+2NaR \Longrightarrow 2Na^++CaR_2$$
$$Mg^{2+}+2NaR \Longrightarrow 2Na^++MgR_2$$

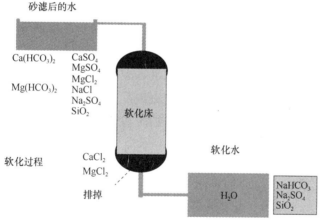

图 1-28　软化床水处理系统

当交换树脂中存留一定的 Ca^{2+}、Mg^{2+} 时，交换树脂就会失效（图 1-29）。这时需要用高浓度 NaCl 溶液对交换树脂进行再生处理，即用 Na^+ 把树脂中的 Ca^{2+}、Mg^{2+} 置换出来（图 1-30）。其反应式为

$$2NaCl+CaR_2 \Longrightarrow CaCl_2+2NaR$$
$$2NaCl+MgR_2 \Longrightarrow MgCl_2+2NaR$$

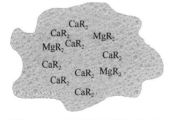

图 1-29　耗尽的树脂软化剂

图 1-30　再生后的树脂软化剂

　　软化床每工作 2h，应检测水的硬度。若硬度大于 10mg/L，必须再生。软化床再生操作程序见表 1-10，软化床阀门如图 1-31 所示。

表 1-10　软化床再生操作程序

步骤	阀门状态						流速/（m/h）	时间/min
	V_1	V_2	V_3	V_4	V_5	V_6		
生产	☞	☞	—	—	—	—	15～20	—
反洗	—	—	☞	☞	—	—	5～10	10～15
溶液注入	—	—	—	—	☞	☞	3～5	30
缓慢冲洗	—	—	—	—	☞	☞	3～5	30
快速冲洗	☞	—	—	—	☞	—	5～10	5～15

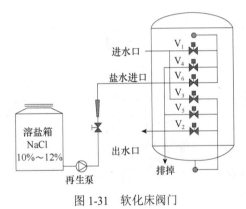

图 1-31　软化床阀门

5. 精密过滤器

　　精密过滤器又称保安过滤器，包括 5μm、1μm 过滤器。精密过滤器外观及内部结构示意图如图 1-32 所示。在压力的作用下，进入过滤器的水通过滤材，滤渣留在管壁上，滤液透过滤材流出，从而达到去除水中的悬浮物、某些胶体物质和细小颗粒物的目的。

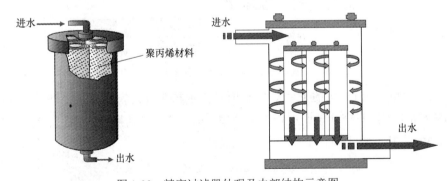

图 1-32　精密过滤器外观及内部结构示意图

　　精密过滤器常安装在电渗析、离子交换、反渗透、超滤等装置之前，起保护作用。精密过滤器一般使用 3～6 个月或进、出水压力差值大于 0.1MPa 时应进行清洗或更换，目的是确保预处理效果，使后面装置免于被颗粒、悬浮物损坏。如果检测显示过滤器出口处水微生物指数超标，也必须对过滤器进行消毒。其方法如下：先用 50mg/L 的氯液浸泡滤芯 30min，再用水冲洗过滤器直至无氯。

6. 反渗透膜

1）反渗透原理

反渗透膜是一种半透膜，理论上它只允许水分子通过，不允许其他物质通过。反渗透就是利用逆渗透的原理除去水中的离子、有机物等杂质。

如图 1-33 所示，用一个只允许水分子透过的薄膜将一个水池隔断成两部分，在隔膜两边分别注入纯水和盐水（NaCl）到同一高度。过一段时间可以发现，纯水液面降低了，而盐水液面升高了。我们把水分子透过这个隔膜迁移到盐水中的现象称为渗透。盐水液面升高不是无止境的，到了一定高度就会达到一个平衡点。这时隔膜两端液面差所代表的压力称为渗透压。渗透压的大小与盐水的浓度直接相关。在以上装置达到平衡后，如果在盐水端液面上施加超过该盐水渗透压的压力，水分子就会由盐水端向纯水端迁移，这就是反渗透。利用反渗透，可以在膜的另一侧得到纯水，这就是反渗透净水的原理。

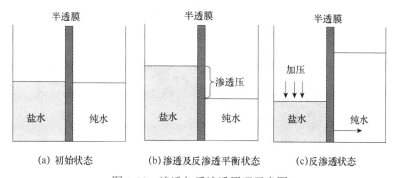

图 1-33　渗透与反渗透原理示意图

2）反渗透膜（RO 膜）

RO 是英文 reverse osmosis 的缩写，中文意思是反渗透。RO 膜孔径只有 0.1～2nm，小于细菌或病毒的直径，各种微生物、重金属离子、可溶性固体、有机物均无法通过，只有水分子、溶解性气体和溶于水的相对分子质量小的微量离子能通过，用此方法可去除水中 90%～99% 的杂质。RO 膜反渗透制纯水原理如图 1-34 所示。

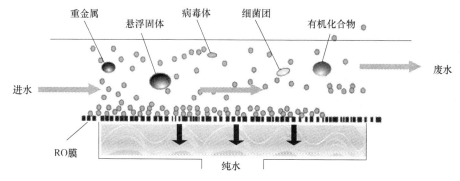

图 1-34　RO 膜反渗透制纯水原理

水处理中常用的 RO 膜元件为卷式膜。卷式膜元件是把两层膜背对背黏结成膜袋，之后将多个膜袋卷绕到多孔产水管上形成的。该膜元件组成的系统投资低、用电省，是工业系统中应用普遍的膜元件。RO 膜外观及内部结构如图 1-35 所示。图 1-36 为工业反渗透装置。

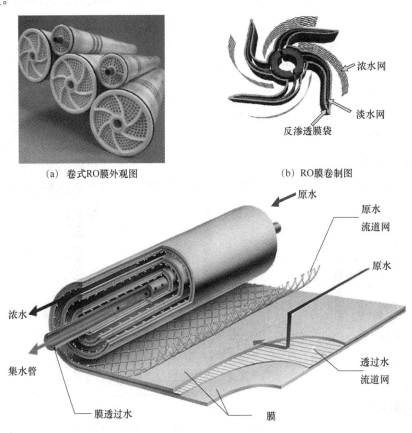

（a）卷式RO膜外观图　　　　　　　　　　　（b）RO膜卷制图

（c）RO膜结构图

图 1-35　RO 膜外观及内部结构

图 1-36　工业反渗透装置

3）反渗透膜元件清洗的一般步骤

（1）用泵将干净、无游离氯的反渗透膜透过水从清洗箱（或相应水源）打入压力容器中，并排放几分钟。

（2）用干净的膜透过水在清洗箱中配制清洗液。

（3）将清洗液在压力容器中循环 1h 或预先设定的时间。对于 8in（1in≈2.54cm）压力容器，流速为 133～151L/min；对于 4in 压力容器，流速为 34～38L/min（图 1-37）。

（4）清洗完成以后，排净清洗箱中的产品水并进行冲洗，然后将清洗箱充满干净的膜透过水，以备下一步冲洗。

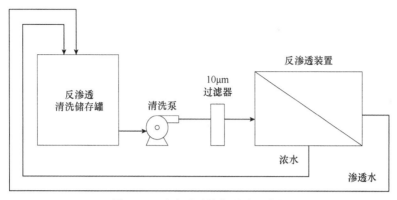

图 1-37　反渗透系统化学清洗流程

（5）用泵将干净、无游离氯的膜透过水从清洗箱（或相应水源）打入压力容器中，并排放几分钟。

（6）在冲洗反渗透系统后，在膜透过水排放阀打开状态下运行反渗透系统，直到膜透过水清洁、无泡沫或无清洗剂（通常需 15～30min）。

4）反渗透膜的清洗条件与清洗试剂

无论进水条件是否符合反渗透膜的进水要求，当膜元件的产水量下降达 10%、系统压差增加 15%或产品水电导率升高时，都应考虑使用合适的化学清洗剂（表 1-11）清洗。

表 1-11　常用化学清洗剂

RO 膜污染原因	适用药液	备注
碳酸盐结垢	3%柠檬酸溶液	用 HCl 调 pH 至 2～4
有机物污染及硫酸盐结垢	1.5% EDTA（乙二胺四乙酸）溶液	用 NaOH 调 pH 至 10～11
细菌污染	1% 福尔马林溶液	—

5）反渗透膜的保存消毒

当反渗透系统停机超过 3d 时，需要对设备中的反渗透膜元件实施适当的保存消毒程序；当停机在 3～5d 时，可以用 1%的亚硫酸氢钠溶液来保存消毒。如果停机超过 7d，便要考虑用福尔马林进行保存消毒。

7. 紫外线杀菌器

紫外线杀菌器利用紫外灯产生的 254nm 的

图 1-38　紫外线杀菌器实物图

紫外光破坏细菌的细胞结构，从而杀死细菌。图 1-38 为紫外线杀菌器实物图。杀菌器在自动状态下与送水泵同步运行，水由进水口进入杀菌器内且充满石英管外及容器内壁之间，经窥视窗可查看亮度。

使用注意事项：

（1）杀菌灯不宜时开时关，以免影响使用效果及使用寿命。

（2）更换灯管时，将灯管插入石英管内，切记不可直视灯光，以免对眼睛造成伤害。

（3）杀菌灯连续使用超过 7500h，杀菌效果会降为初期的 65%～75%，为达到高效率杀菌目的，最好能每年更换灯管。

（4）水中悬浮固体能挡住细菌与足够的紫外线接触，通常在紫外线室前加设 1μm 过滤器作为安全保障。

8. 臭氧发生器

臭氧（O_3）由 3 个氧原子组成，具有极强的氧化能力，它能使细胞膜氧化断裂，引起细胞质的粉碎，从而使细胞死亡。

对空气放电即可得到臭氧：

$$3O_2（空气中）\xrightarrow{\text{电流}} 2O_3$$

臭氧产生示意图如图 1-39 所示。

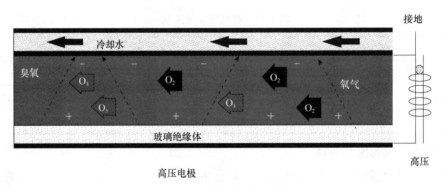

图 1-39 臭氧产生示意图

能量越大，生产的臭氧越多，由氧气生产臭氧要应用外在能量（电压），冷却水用于去除多余的热量。

臭氧化学性质很活泼，不稳定，存在周期很短（常温为 20min），必须持续注入水中。臭氧能自然降解为氧气，但不会增加离子污染。臭氧有毒，其含量达到某种程度会危害人体健康；理论上必须在工作环境安装臭氧破坏装置除去多余的臭氧，通常用紫外线将臭氧分解成氧气。图 1-40 为某饮料厂水处理中臭氧消毒典型工艺流程。

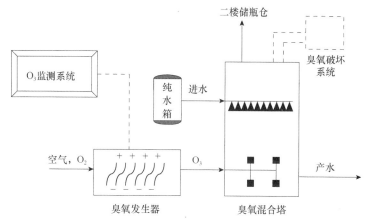

图 1-40　某饮料厂水处理中臭氧消毒典型工艺流程

 任务实施

认识并运行 CS-200 型纯水生产系统

【实施准备】

CS-200 型纯水生产系统。

【实施步骤】

一、认识 CS-200 型纯水生产系统

现场参观实训室 CS-200 型纯水生产系统，认识 CS-200 型纯水生产系统的组成，并说出各组成部分在水处理中的作用。

二、运行 CS-200 型纯水生产系统

1. 开机

（1）接通电源，打开供水阀门、浓水调节阀。

（2）待原水压力表显示压力升至 0.1～0.2MPa 后，打开自动/手动开关。

自动挡：若切换到自动挡，"自动"指示灯亮，原水泵、高压泵会依次自动开启，开关开启的同时对应指示灯亮。

手动挡：原水泵切换到开启位，再打开冲洗开关（正洗/反洗），指示灯亮。

（3）打开高压泵启动开关，设备进入冲洗模式，待冲洗 2～5min 后，关闭冲洗开关，切换到"工作"状态，调整浓水调节阀，使纯水与浓水比例达到额定指标，查看"泵后"压力表，应在 0.3～1.4MPa。

（4）调节浓水调节阀时应查看电导率表的示数，以监测水质。

2. 关机

（1）打开废水调节阀进行冲洗（反洗→正洗），冲洗完后关闭原水泵、高压泵开关。

（2）检查压力表是否归零。

（3）擦干电气设备和元件上的水迹。

 任务评价

填写表 1-12 任务评价表。

表 1-12 任务评价表

任务名称			姓名		学号	
评价内容		评价标准	配分	评分		
				自评 （占 10%）	组间评 （占 30%）	教师评 （占 60%）
1	基本知识	熟悉基本概念，能说出饮料生产用水处理的工艺流程	20			
2	任务领会与计划	理解生产任务目标要求，能查阅相关资料，制定生产方案	10			
3	任务实施	能根据生产方案实施生产操作，在规定的时间内完成任务，生产出产品，听从教师指挥，动手操作正确、有序	30			
4	项目验收	根据产品相关标准对完成的产品进行评价	10			
5	工作评价与反馈	针对任务的完成情况进行合理分析，对存在的问题展开讨论，提出修改意见	10			
6	职业素养	考勤	不迟到、不早退，中途不离开任务实施现场	5			
		安全	严格按操作规范操作设备，态度认真	5			
		卫生	生产过程卫生良好，设备和场地清理干净，设备归位，工具、用具摆放整齐，地面无污水及其他垃圾	5			
		团结协作	相互配合，服从组长的安排。发言积极主动，认真完成任务	5			
综合评分（自评分×10%＋组间评分×30%＋教师评分×60%）						
评语						

任务思考

（1）试述天然水中的主要杂质及对饮料生产的影响。

（2）请根据饮料生产实训室 RO 膜水处理设备画出 RO 膜水处理工艺流程。

知识拓展

生活饮用水卫生要求

根据《生活饮用水卫生标准》（GB 5749—2006）规定，生活饮用水卫生要求如下：

（1）生活饮用水中不得含有病原微生物。

（2）生活饮用水中化学物质不得危害人体健康。

（3）生活饮用水中放射性物质不得危害人体健康。

（4）生活饮用水的感官性状良好。

（5）生活饮用水应经消毒处理。

（6）生活饮用水水质应符合标准中的水质常规指标及限值（表 1-13），其他指标详见标准中的附录。

表 1-13 水质常规指标及限值

指标	限值
1. 微生物指标[①]	
总大肠菌群/（MFN/100mL 或 CFU/100mL）	不得检出
耐热大肠杆菌群/（MPN/100mL 或 CFU/100mL）	不得检出
大肠埃希氏菌/（MPN/100mL 或 CFU/100mL）	不得检出
菌落总数/（CFU/mL）	100
2. 毒理指标	
砷/（mg/L）	0.01
镉/（mg/L）	0.005
铬（6价）/（mg/L）	0.05
铅/（mg/L）	0.01
汞/（mg/L）	0.001
硒/（mg/L）	0.01
氰化物/（mg/L）	0.05
氟化物/（mg/L）	1.0
硝酸盐（以 N 计）/（mg/L）	10 地下水源限制时为 20
三氯甲烷/（mg/L）	0.06
四氯化碳/（mg/L）	0.002
溴酸盐（使用臭氧时）/（mg/L）	0.01

续表

指标	限值
甲醛（使用臭氧时）（mg/L）	0.9
亚氯酸盐（使用二氧化氯消毒时）/（mg/L）	0.7
氯酸盐（使用复合二氧化氯消毒时）/（mg/L）	0.7
3. 感官性状和一般化学指标	
色度（铂钴色度单位）	15
浑浊度（散射浑浊度单位）/NTU	1（水源与净水技术条件限制时为3）
臭和味	无异臭、异味
肉眼可见物	无
pH	$\geqslant 6.5$ 且 <8.5
铝/（mg/L）	0.2
铁/（mg/L）	0.3
锰/（mg/L）	0.1
铜/（mg/L）	1.0
锌/（mg/L）	1.0
氯化物/（mg/L）	250
硫酸盐/（mg/L）	250
溶解性总固体/（mg/L）	1000
总硬度（以 $CaCO_3$ 计）/（mg/L）	450
耗氧量（CODMn 法以 O_2 计）/（mg/L）	3（水源限制、原水耗氧量>6mg/L 时为5）
挥发酚类（以苯酚计）/（mg/L）	0.2
阴离子合成洗涤剂/（mg/L）	0.3
4. 放射性指标[②]（指导值）	
总 α 放射性/（Bq/L）	0.5
总 β 放射性/（Bq/L）	1

　① MPN 表示最可能数；CFU 表示菌落形成单位。当水样检出总大肠菌群时，应进一步检验大肠埃希氏菌或耐热大肠菌群；当水样未检出总大肠菌群时，不必检验大肠埃希氏菌或耐热大肠菌群。

　② 放射性指标超过指导值，应进行核素分析和评价，判定能否饮用。

任务四　认识果蔬饮料中常用的食品添加剂

☞ **知识目标**

（1）了解食品添加剂的概念及使用原则。

（2）掌握果蔬饮料生产中常用的食品添加剂及其作用。

☞ **技能目标**

（1）能查阅食品添加剂相关标准。

（2）能根据饮料标签说出其中使用的食品添加剂。

职业素养

（1）培养任务实施过程中的团结协助精神。

（2）强化任务实施过程中的沟通交流能力。

任务导入

你在平时喝饮料时会不会注意产品标签上的配料表？饮料加工中常会用到哪些辅料呢？它们加在饮料里面起什么作用呢？

知识准备

一、食品添加剂的概念及使用原则

1. 食品添加剂的概念

食品添加剂是指为改善食品品质和色、香、味，以及防腐、保鲜和加工工艺的需要而加入食品中的人工合成或者天然物质。食品用香料、胶基糖果中的基础剂物质、食品工业用加工助剂也包括在内。

食品工业用加工助剂是保证食品加工顺利进行的各种物质，与食品本身无关，如助滤、澄清、吸附、脱模、脱色、脱皮、提取溶剂、发酵用营养物质等。

2. 食品添加剂的使用原则

食品添加剂使用时应符合以下基本要求：①不应对人体产生任何健康危害；②不应掩盖食品腐败变质；③不应掩盖食品本身或加工过程中的质量缺陷或以掺杂、掺假、伪造为目的而使用食品添加剂；④不应降低食品本身的营养价值；⑤在达到预期效果的前提下尽可能降低在食品中的使用量。

在下列情况下可使用食品添加剂：①保持或提高食品本身的营养价值；②作为某些特殊膳食用食品的必要配料或成分；③提高食品的质量和稳定性，改进其感官特性；④便于食品的生产、加工、包装、运输或者储藏。

二、果蔬饮料中常用的食品添加剂

为了使果蔬饮料具有更好的感官品质等，生产中离不开各种食品添加剂，主要有甜味剂、酸味剂、香精香料、色素、稳定剂、抗氧化剂、防腐剂等。果蔬饮料中常用的食品添加剂见表1-14。

表 1-14　果蔬饮料中常用的食品添加剂

食品添加剂功能类别	常用物质成分
甜味剂	天然甜味剂：蔗糖、葡萄糖、果葡糖浆、蜂蜜、糖醇类（山梨醇、木糖醇、麦芽糖醇）、糖苷类（甜菊苷、索马甜、甘草甜） 人工合成甜味剂：糖精钠、甜蜜素、安赛蜜、阿斯巴甜、三氯蔗糖等
酸味剂	柠檬酸、苹果酸、酒石酸、维生素 C、乳酸、葡萄糖酸
食用香精、香料	天然香料：甜橙油、橘子油等 合成香料：香兰素、留兰香、香叶醇、薄荷脑、洋茉莉醛等
着色剂	食用天然色素：胡萝卜素、焦糖色素、甜菜红、辣椒红、高粱红、胭脂虫红、姜黄、可可色素、藻蓝素等 食用合成色素：胭脂红、苋菜红、柠檬黄、日落黄、靛蓝、亮蓝
防腐剂	苯甲酸和苯甲酸钠、山梨酸和山梨酸钾、对羟基苯甲酸酯类（尼泊金酯）、亚硫酸盐类、新型防腐剂（乳酸链球菌素、纳他霉素、鱼精蛋白、溶菌酶）
抗氧化剂	维生素 C、异维生素 C、亚硫酸盐类、植酸、葡萄糖氧化酶、过氧化氢酶等
增稠稳定剂	琼脂、果胶、羧甲基纤维素钠、黄原胶、海藻酸钠、明胶、卡拉胶、环状糊精、海藻酸丙二醇酯等
乳化稳定剂	山梨醇脂肪酸酯、蔗糖脂肪酸酯、大豆磷脂等
酶制剂	果胶酶、淀粉酶、柚苷酶等

 任务实施

市场调研饮料标签

【实施准备】

利用课余时间进行市场调查，收集若干种不同种类饮料的标签。

【实施步骤】

每人收集 10 种不同种类饮料的标签，并填写表 1-15。

表 1-15　不同饮料中使用的辅料及其作用

序号	饮料商品名称	配料成分表	辅料添加	各辅料的作用
1				
2				
3				
4				
5				
6				
7				

续表

序号	饮料商品名称	配料成分表	辅料添加	各辅料的作用
8				
9				
10				

 任务评价

填写表 1-16 任务评价表。

表 1-16 任务评价表

任务名称			姓名		学号	
评价内容		评价标准	配分	评分		
				自评 （占10%）	组间评 （占30%）	教师评 （占60%）
1	基本知识	熟悉基本概念，能说出果蔬饮料中常用食品添加剂及其作用	20			
2	任务领会与计划	理解任务目标要求，能查阅相关标准，制定任务实施方案	10			
3	任务实施	能根据实施方案在规定的时间内完成任务，并进行小组汇报	30			
4	项目验收	根据小组汇报对任务完成情况进行评价	10			
5	工作评价与反馈	针对任务的完成情况进行合理分析，对存在的问题展开讨论，提出修改意见	10			
6	职业素养 考勤	不迟到、不早退，中途不离开任务实施现场	10			
	团结协作	相互配合，服从组长的安排。发言积极主动，认真完成任务	10			
综合评分（自评分×10%＋组间评分×30%＋教师评分×60%）						
评语						

 任务思考

（1）什么是食品添加剂？食品添加剂的使用原则是什么？

（2）列举果蔬饮料生产中常用的食品添加剂及其作用。

 知识拓展

查阅《食品安全国家标准 食品添加剂使用标准》（GB 2760—2014）和《食品安全国家标准 食品营养强化剂使用标准》（GB 14880—2012）。

任务五　认识饮料包装材料及标签

☞ **知识目标**

（1）了解饮料包装常用的材料及容器。

（2）了解饮料标签及营养标签标示的一般内容及要求。

☞ **技能目标**

（1）能识别饮料包装材料及容器。

（2）能识别饮料标签及营养标签信息。

☞ **职业素养**

（1）强化任务实施过程中的沟通交流能力。

（2）培养任务实施过程中的创新意识。

任务导入

你平时喝的饮料都有哪些包装形式？包装上的标签是怎样标注的呢？

知识准备

一、饮料包装材料及容器

包装是饮料生产中一道重要的工序，合理的包装可以起到保护饮料、延长产品保质期、方便储存和携带、促进销售等作用。

用于饮料包装的材料和容器必须满足下列条件：①无毒，不含有危害人体健康的成分；②具有一定的化学稳定性，不与内容物发生反应；③材料资源丰富，价格低廉、易于加工，能满足工业化生产的需要；④具有优良的综合防护性能，阻光、阻气、防潮性好；⑤具有一定的力学性能，能适应机械化清洗、灌装作业，便于携带，不易破碎、泄漏。

目前常用的材料有玻璃瓶、金属、塑料及纸塑复合材料。

1. 玻璃瓶

玻璃瓶是一种历史悠久的包装容器，具有如下特点。

优点：无毒、无味、透明、美观、阻隔性好、不透气、原料丰富、价格低廉，耐热、耐压、耐清洗，可多次周转使用。

缺点：自重大、易破损、运费高，印刷等二次加工性能差。

玻璃瓶盖要求不与内容物发生反应，密封性好，不漏气、不漏水，易于开启。瓶盖类型从结构上分，有皇冠盖、四旋盖、螺旋盖等（图 1-41）；从制盖材料上分为塑料盖、马口铁盖、铝合金盖。

（a）皇冠盖　　　　　　　　　　（b）四旋盖　　　　　　　　（c）螺旋盖

图 1-41　瓶盖类型

玻璃瓶自问世以来，在食品行业包装容器中占据着重要地位，但自 20 世纪 90 年代中后期以来，包装形式呈多样化发展，玻璃瓶的市场份额逐渐下降，并有被取代的趋势。目前，食品领域中玻璃瓶主要用在酒类、调味品、饮料等包装上，饮料方面以碳酸饮料、咖啡饮料、果汁饮料的包装较为常见（图 1-42）。瓶形较以前有很大不同，设计美观，以四旋盖代替了皇冠盖。

2. 金属包装材料及容器

饮料包装的金属罐分为两片罐和三片罐，主要使用马口铁、镀铬薄钢板、铝及铝箔等金属材料。

三片罐的罐底、盖和罐身由三片金属板组合而成，罐身多用马口铁，罐盖使用马口铁、镀铬薄钢板或铝板做成。三片罐多用于不含碳酸气饮料的包装，如杏仁露、椰汁、能量饮料、果汁饮料等（图 1-43）。

图 1-42　玻璃瓶包装

两片罐由两片金属原板分别制成的盖和经冲拔再拉伸制成的罐筒组成，多用铝板，主要用于碳酸饮料的包装。近年来，也有在果蔬汁中充入氮气的两片罐装果蔬汁（图 1-44）。

图 1-43　三片罐包装　　　　　　　　　图 1-44　两片罐包装

为了方便消费者打开饮料的金属罐包装，金属罐大多采用铝制易开罐盖，其上有一个易开启的封口，形式有拉环式和按钮式，人们称之为易拉罐（图 1-45）。

图 1-45　易拉罐罐盖

3. 塑料包装材料及容器

1）塑料包装材料的性能

塑料是一种以合成树脂为主要原料，添加稳定剂、着色剂、润滑剂、增塑剂等组分而得到的合成材料。

它具有透明光滑、质轻价廉、安全卫生、防潮抗腐、易于印刷、成型性好、力学性能优良等优点，还可与纸板、铝箔等复合。

2）常用塑料的种类、特点及应用情况

聚乙烯（polyethylene，PE）：化学性质稳定，耐酸碱；光学性能好，透明度高；热封性好；机械性能高。但其耐高温性差，阻气性差，有一定透气性，印刷性能差。PE 瓶常用于矿泉水、果味饮料及牛奶（美国）包装，不能用于碳酸饮料包装。

聚丙烯（polypropylene，PP）：聚丙烯透明包装瓶的开发是近几年国内外塑料包装的一个热点。随着透明改性剂——成核剂的开发成功，在普通 PP 中加入 0.1%～0.4%山梨醇缩二甲苯（苯甲醛）成核剂，所生产出来的高透明 PP 瓶可广泛用于需热杀菌（如浓缩果汁等）、需要高温灌装的饮料包装中，其价格适宜、耐压抗温，是 PS（polystyrene，聚苯乙烯）、ABS（acrylonitrile butadiene styrene copolymers，丙烯腈-丁二烯-苯乙烯共聚物）、PET（polyethylene terephthalate，聚对苯二甲酸乙二酯）、PE 瓶的新生对手。

聚氯乙烯（polyvinyl chloride，PVC）：机械强度高于 PE；化学性能比 PE 优良；质量小，透明度高；气密性、阻湿性好；耐高低温性能差。PVC 瓶更适合低 CO_2 含量或不含气饮料的包装，如矿泉水、果汁饮料、低 CO_2 含量的碳酸饮料。

聚苯二甲酸乙二酯（PET）：无色透明；可阻挡紫外光；气密性好，具有优良的阻气、阻水、阻异味特性；机械强度高；化学稳定性良好；具有优良的耐高低温性能。PET 瓶在含气饮料的包装上发展很快，有取代玻璃瓶的趋势，在碳酸饮料、瓶装水、茶饮料、果汁饮料中应用最多。美国 50%以上的玻璃瓶被 PET 瓶取代，80%以上的可乐瓶采用 PET 瓶。

图 1-46 为塑料包装饮料瓶示例。

4. 纸塑复合包装材料及容器

纸塑复合包装材料要求内层无毒、无味、耐化学腐蚀性能好，具有热封性和黏合性，常用 PE、PVDC〔poly（vinylidene chloride），聚

图 1-46　塑料包装饮料瓶示例

偏二氯乙烯〕等材料；外层光学性能好、印刷性好，耐磨、耐热，具有较好的强度和刚性，常用 PET、铝箔及纸等高熔点的耐高温材料；中间层要求具有高阻隔性（可阻隔气体、香味、水蒸气、紫外线等），常用铝箔。一般利用 PE 提供热封性，利用铝箔提供阻紫外线性能，利用 PVDC 改善综合性能。

复合包装主要用于乳饮料、果汁饮料、果味饮料的包装，外形有砖形、屋脊形、钻形等（图 1-47）。包装材料由 PE/纸/PE/铝箔/PE 5 层组成。目前，广泛使用的是利乐包和康美包。利乐包是由纸卷在生产过程中先杀菌，然后依次完成成形→灌装→密封等过程制成的。康美包是先预制纸盒，然后在生产过程中杀菌后只完成灌装→密封过程制成的。

图 1-47　纸塑复合包装容器

二、饮料标签

饮料属于食品的一种，市售预包装饮料标签应符合《食品安全国家标准　预包装食品标签通则》（GB 7718—2011）和《食品安全国家标准　预包装食品营养标签通则》（GB 28050—2011），此外，还要符合具体产品标准对标签标示内容的要求。

1.《食品安全国家标准　预包装食品标签通则》（GB 7718—2011）内容介绍

《食品安全国家标准　预包装食品标签通则》（GB 7718—2011）对食品标签基本要求、标示内容及具体标示方法进行了规定。

1）基本要求

（1）应符合法律、法规的规定，并符合相应食品安全标准的规定。

（2）应清晰、醒目、持久，应使消费者购买时易于辨认和识读。

（3）应通俗易懂、有科学依据，不得标示封建迷信、色情、贬低其他食品或违背营养科学常识的内容。

（4）应真实、准确，不得以虚假、夸大、使消费者误解或欺骗性的文字、图形等方式介绍食品，也不得利用字号大小或色差误导消费者。

（5）不应直接或以暗示性的语言、图形、符号，误导消费者将购买的食品或食品的某一性质与另一产品混淆。

（6）不应标注或者暗示具有预防、治疗疾病作用的内容，非保健食品不得明示或者暗示具有保健作用。

（7）不应与食品或者其包装物（容器）分离。

（8）应使用规范的汉字（商标除外）。具有装饰作用的各种艺术字，应书写正确，易于辨认。

（9）预包装食品包装物或包装容器最大表面积大于 $35cm^2$ 时，强制标示内容的文字、符号、数字的高度不得小于 1.8mm。

（10）一个销售单元的包装中含有不同品种、多个独立包装可单独销售的食品，每件独立包装的食品标志应当分别标注。

（11）若外包装易于开启识别或透过外包装物能清晰地识别内包装物（容器）上的所有强制标示内容或部分强制标示内容，可不在外包装物上重复标示相应的内容；否则应在外包装物上按要求标示所有强制标示内容。

2）标示内容

（1）直接向消费者提供的预包装食品标签应包括食品名称，配料表，净含量和规格，生产者和（或）经销者的名称、地址和联系方式，生产日期和保质期，储存条件，食品生产许可证编号，产品标准代号及其他需要标示的内容。

（2）非直接提供给消费者的预包装食品标签应标示食品名称、规格、净含量、生产日期、保质期和储存条件，其他内容如未在标签上标注，则应在说明书或合同中注明。

（3）标示内容的豁免：

① 下列预包装食品可以免除标示保质期：酒精度大于等于 10%的饮料酒、食醋、食用盐、固态食糖类、味精。

② 当预包装食品包装物或包装容器的最大表面积小于 $10cm^2$ 时，可以只标示产品名称、净含量、生产者（或经销商）的名称和地址。

（4）推荐标示内容包括批号、食用方法、致敏物质等。

食品标签标示内容的具体标示方法详见《食品安全国家标准　预包装食品标签通则》（GB 7718—2011）。

2.《食品安全国家标准　预包装食品营养标签通则》（GB 28050—2011）内容介绍

《食品安全国家标准　预包装食品营养标签通则》（GB 28050—2011）对普通食品的营养标签标示要求和内容等进行了规定［特殊膳食类食品和专供婴幼儿的主辅类食品标示方式按照《食品安全国家标准　预包装特殊膳食用食品标签》（GB 13432—2013）执行］。

1）基本要求

（1）预包装食品营养标签标示的任何营养信息，应真实、客观，不得标示虚假信息，不得夸大产品的营养作用或其他作用。

（2）预包装食品营养标签应使用中文。如同时使用外文标示，其内容应当与中文相对应，外文字号不得大于中文字号。

（3）营养成分表应以一个"方框表"的形式表示（特殊情况除外），方框可为任意尺寸，并与包装的基线垂直，表题为"营养成分表"。

（4）食品营养成分含量应以具体数值标示，数值可通过原料计算或产品检测获得。

（5）营养标签的格式见《食品安全国家标准 预包装食品营养标签通则》（GB 28050—2011）附录 B，食品企业可根据食品的营养特性、包装面积的大小和形状等选择使用其中的一种格式。

（6）营养标签应标在向消费者提供的最小销售单元的包装上。

2）强制标示内容

（1）所有预包装食品营养标签强制标示的内容包括能量、核心营养素（包括蛋白质、脂肪、碳水化合物和钠）的含量值及其占营养素参考值（nutrient reference values，NRV）的百分比。当标示其他成分时，应采取适当形式使能量和核心营养素的标示更加醒目。

（2）对除能量和核心营养素外的其他营养成分进行营养声称或营养成分功能声称时，在营养成分表中还应标示出该营养成分的含量及其占营养素参考值的百分比。

（3）使用了营养强化剂的预包装食品，在营养成分表中还应标示强化后食品中该营养成分的含量值及其占营养素参考值的百分比。

（4）食品配料含有或生产过程中使用了氢化和（或）部分氢化油脂时，在营养成分表中还应标示出反式脂肪（酸）的含量。

（5）上述未规定营养素参考值的营养成分仅需标示含量。

营养标签具体标示方法详见《食品安全国家标准 预包装食品营养标签通则》（GB 28050—2011）。

3. 《果蔬汁类及其饮料》（GB/T 31121—2014）对果蔬汁类及其饮料标签的规定

《果蔬汁类及其饮料》（GB/T 31121—2014）规定，果蔬汁类及其饮料预包装产品标签除应符合《食品安全国家标准 预包装食品标签通则》（GB 7718—2011）、《食品安全国家标准 预包装食品营养标签通则》（GB 28050—2011）的有关规定外，还应符合下列要求。

（1）加糖（包括食糖和淀粉糖）的果蔬汁（浆）产品，应在产品名称 ［如××果汁（浆）］的邻近部位清晰地标明"加糖"字样。

（2）果蔬汁（浆）类饮料产品，应显著标明（原）果汁（浆）总含量或（原）蔬菜汁（浆）总含量，标示位置应在"营养成分表"附近或与产品名称在包装物或容器的同一展示版面。

（3）果蔬汁（浆）的标示规定：只有符合"声称 100%"要求的产品才可以在标签的任意部位标示"100%"，否则只能在"营养成分表"附近位置标示"果蔬汁含量：100%"。

（4）若产品中添加了纤维、囊胞、果粒、蔬菜粒等，应将所含（原）果蔬汁（浆）及添加物的总含量合并标示，并在后面以括号形式标示其中添加物（纤维、囊胞、果粒、蔬菜粒等）的添加量。例如，某果汁饮料的果汁含量为 10%，添加果粒 5%，应标示为"果汁总含量为 15%（其中果粒添加量为 5%）"。

果蔬汁类及其饮料产品标签示例如图 1-48 所示。

图 1-48 果蔬汁类及其饮料产品标签示例

 任务实施

活动一 认识饮料包装材料及容器

【实施准备】
利用课余时间收集不同类型的饮料瓶及包装盒。

【实施步骤】
收集 10 种不同类型饮料包装，填写表 1-17。

表 1-17　不同类型饮料的包装

序号	饮料商品名称	包装材料	包装容器
1			
2			
3			
4			
5			
6			
7			
8			
9			
10			

活动二　自制饮料并为饮料设计标签

查阅资料，利用课余时间自制一款自己喜欢的饮料，并为自己的饮料设计标签。

 任务评价

填写表 1-18 任务评价表。

表 1-18　任务评价表

任务名称			姓名		学号	
评价内容		评价标准	配分	评分		
				自评 （占 10%）	组间评 （占 30%）	教师评 （占 60%）
1	基本知识	熟悉基本概念，能说出主要的饮料包装材料及容器，能说出饮料标签及营养标签内容和要求	20			
2	任务领会与计划	理解任务目标要求，能查阅相关标准，制定任务方案	10			
3	任务实施	能根据任务方案，在规定的时间内完成任务	30			
4	项目验收	以小组为单位进行交流汇报	10			
5	工作评价与反馈	针对任务的完成情况进行合理分析，对存在的问题展开讨论，提出修改意见	10			
6	职业素养 考勤	不迟到、不早退，中途不离开任务实施现场	10			
	职业素养 团结协作	相互配合，服从组长的安排。发言积极主动，认真完成任务	10			
综合评分（自评分×10%＋组间评分×30%＋教师评分×60%）						
评语						

任务思考

（1）试述饮料包装常用的材料及容器。

（2）试述饮料标签及营养标签标示的一般内容及要求。

知识拓展

查询《食品安全国家标准　预包装食品标签通则》（GB 7718—2011）和《食品安全国家标准　预包装食品营养标签通则》（GB 28050—2011）。

任务六　走进饮料加工企业

知识目标

（1）了解饮料加工企业厂房车间和设施设备的要求。

（2）了解饮料加工企业卫生管理的要求。

技能目标

（1）能查阅饮料生产相关标准。

（2）能画出企业设施设备布局图。

职业素养

（1）强化任务实施过程中的规范意识。

（2）培养任务实施过程中的沟通交流能力。

任务导入

饮料加工企业的厂房和车间有什么要求？应如何布局？加工人员及车间应如何管理？让我们走进饮料企业一探究竟。

知识准备

饮料生产卫生规范

饮料生产卫生规范应符合《食品安全国家标准　食品生产通用卫生规范》（GB 14881—2013）和《食品安全国家标准　饮料生产卫生规范》（GB 12695—2016）的要求。下面对后者的主要内容加以介绍。

1. 厂房和车间

（1）厂房和车间的设计通常划分为一般作业区、准清洁作业区和清洁作业区。各区之间应有效隔离，防止交叉污染。一般作业区通常包括原料处理区、仓库、外包装区等；准清洁作业区通常包括杀菌区、配料区、包装容器清洗消毒区等；清洁作业区通常包括液体饮料的灌装防护区或固体饮料的内包装区等。具体划分时应根据产品特点、生产工艺及生产过程对清洁程度的要求而设定。

（2）液体饮料企业一般应设置水处理区、配料区、灌装防护区、包装区、原辅材料及包装材料仓库、成品仓库、检测实验室等，生产食品工业用浓缩液（汁、浆）的企业还应设置原料清洗区（与后续工序有效隔离）。固体饮料企业一般应设置配料区、干燥脱水区/混合区、包装区、原辅材料及包装材料仓库、成品仓库、检测实验室等。如使用周转的容器生产，还应单独设立周转容器检查、预洗间。

（3）清洁作业区应根据不同种类饮料的特点和工艺要求分别制定不同的空气洁净度要求。

（4）出入清洁作业区的原料、包装容器或材料、废弃物、设备等，应有防止交叉污染的措施，如设置专用物流通道等。

（5）作业中有排水或废水流经的地面，以及作业环境经常潮湿或以水洗方式清洁等区域的地面应耐酸、耐碱。

图 1-49 为某饮料加工企业车间一角。

图 1-49　某饮料加工企业车间一角

2. 设施与设备

1）设施

（1）供水设施。

① 必要时应配备储水设备（如储水槽、储水塔、储水池等），储水设备应符合国家相关标准或规定，以无毒、无异味、不导致水质污染的材料构筑，有防污染设施，并定期清洗消毒。

② 供水设施出入口应增设安全卫生设施，防止异物进入。

（2）排水设施。

① 排水系统内及其下方不应有食品加工用水的供水管路。

② 排水口应设置在易于清洁的区域，并配有相应大小的滤网等装置，防止产生异味及固体废弃物堵塞排水管道。

③ 所有废水排放管道（包括下水道）必须能适应废水排放高峰的需要，建造方式应避免污染食品加工用水。

（3）清洁消毒设施。

① 应根据工艺需要配备包装容器清洁消毒设施，如使用周转容器生产，应配备周转容器的清洗消毒设施。

② 与产品接触的设备及管道的清洗消毒应配备清洗系统，鼓励使用 CIP 系统，并定期对清洗系统的清洗效果进行评估。

（4）个人卫生设施。

① 生产场所或生产车间入口处应设置更衣室，洗手、干手和消毒设施，换鞋（穿戴鞋套）设施或工作鞋靴消毒设施，必要时应设置风淋设施。

② 出入清洁作业区的人员应有防止交叉污染的措施，如要求更换工作服、工作鞋靴或鞋套。采用吹瓶、灌装、封盖（封口）一体设备的灌装防护区入口可依据实际需求调整。

③ 液体饮料清洁作业区内的灌装防护区如对空气洁净度有更高要求，入口应设置二次更衣室、洗手和（或）消毒设施、换鞋（穿戴鞋套）设施或工作鞋靴消毒设施，必要时应设置风淋设施。符合下列条件之一的可不设置上述设施：a. 使用自带洁净室及洁净环境自动恢复功能的灌装设备；b. 使用灌装和封盖（封口）都在无菌密闭环境下进行的灌装设备；c. 非直接饮用产品［如食品工业用浓缩液（汁、浆）、食品工业用饮料浓浆等］的灌装防护区入口。

④ 固体饮料的配料区、干燥脱水区/混合区、内包装区入口处应设置洗手和（或）消毒设施、换鞋（穿戴鞋套）设施或工作鞋靴消毒设施。

⑤ 如设置风淋设施，应定期对其进行清洁和维护。

（5）仓储设施。

① 应具有与所生产产品的数量、储存要求、周转容器周转期及产品检验周期相适应的仓储设施，仓储设施包括自有仓库或外租仓库。

② 同一仓库储存性质不同的物品时，应适当分离或分隔（如分类、分架、分区存放等），并有明显的标志。

③ 必要时应具有冷藏（冻）库，冷藏（冻）库应配备可正确显示库内温、湿度的设施。

2）设备

（1）生产设备。应配备与生产能力和实际工艺相适应的设备，液体饮料生产一般包括水处理设备、配料设施、过滤设备（需过滤的产品）、杀菌设备（需杀菌的产品）、自动灌装封盖（封口）设备、生产日期标注设备、工器具的清洗消毒设施等，固体饮料生产一般包括混合配料设备、焙烤设备（有焙烤工艺的）、干燥脱水设备（有湿法生产工艺的）、包装设备、生产日期标注设备等。

（2）设备要求。

① 灌装、封盖（封口）设备鼓励采用全自动设备，避免交叉污染和人员直接接触待包装食品。

② 生产设备应有明显的运行状态标志，并定期维护、保养和验证。设备安装、维修、保养的操作不应影响产品的质量。设备应进行验证或确认，确保各项性能满足工艺要求。无法正常使用的设备应有明显标志。

③ 每次生产前应检查设备是否处于正常状态，防止影响产品安全的情形发生；出现故障应及时排除并记录故障发生时间、原因及可能受影响的产品批次。

④ 设备备件应储存在专门的区域，以便设备维修时能及时获得，并应保持备件储存区域清洁干燥。

3. 卫生管理

1）卫生管理制度

（1）应制定食品加工人员和食品生产卫生管理制度及相应的考核标准，明确岗位职责，实行岗位责任制。

（2）应根据食品的特点以及生产、储存过程的卫生要求，建立对保证食品安全具有显著意义的关键控制环节的监控制度，良好实施并定期检查，发现问题及时纠正。

（3）应制定针对生产环境、食品加工人员、设备及设施等的卫生监控制度，确立内部监控的范围、对象和频率。记录并存档监控结果，定期对执行情况和效果进行检查，发现问题及时整改。

（4）应建立清洁消毒制度和清洁消毒用具管理制度。清洁消毒前后的设备和工器具应分开放置、妥善保管，避免交叉污染。

2）厂房及设施卫生管理

（1）厂房内各项设施应保持清洁，出现问题及时维修或更新；厂房地面、屋顶、天花板及墙壁有破损时，应及时修补。

（2）生产、包装、储存等设备及工器具、生产用管道、裸露食品接触表面等应定期清洁消毒。

3）食品加工人员健康管理与卫生要求

（1）食品加工人员健康管理。

① 应建立并执行食品加工人员健康管理制度。

② 食品加工人员每年应进行健康检查，取得健康证明；上岗前应接受卫生培训。

③ 食品加工人员如患有痢疾、伤寒、甲型病毒性肝炎、戊型病毒性肝炎等消化道传染病，以及患有活动性肺结核、化脓性或者渗出性皮肤病等有碍食品安全的疾病，或有明显皮肤损伤未愈合的，应当调整到其他不影响食品安全的工作岗位。

（2）食品加工人员卫生要求。

① 进入食品生产场所前应整理个人卫生，防止污染食品。

② 进入作业区域应规范穿着洁净的工作服，并按要求洗手、消毒；头发应藏于工作帽内或使用发网约束。

③ 进入作业区域不应配戴饰物、手表，不应化妆、涂指甲、喷洒香水；不得携带或存放与食品生产无关的个人用品。

④ 使用卫生间、接触可能污染食品的物品，或从事与食品生产无关的其他活动后，再次从事接触食品、食品工器具、食品设备等与食品生产相关的活动前应洗手消毒。

（3）来访者。非食品加工人员不得进入食品生产场所，特殊情况下进入时应遵守和食品加工人员同样的卫生要求。

4）虫害控制

（1）应保持建筑物完好、环境整洁，防止虫害侵入及滋生。

（2）应制定和执行虫害控制措施，并定期检查。生产车间及仓库应采取有效措施（如纱帘、纱网、防鼠板、防蝇灯、风幕等），防止鼠类、昆虫等侵入。若发现有虫鼠害痕迹，应追查来源，消除隐患。

（3）应准确绘制虫害控制平面图，标明捕鼠器、粘鼠板、灭蝇灯、室外诱饵、生化信息素捕杀装置等放置的位置。

（4）厂区应定期进行除虫灭害工作。

（5）采用物理、化学或生物制剂进行处理时，不应影响食品安全和食品应有的品质，不应污染食品接触表面、设备、工器具及包装材料。除虫灭害工作应有相应的记录。

（6）使用各类杀虫剂或其他药剂前，应做好预防措施，避免对人身、食品、设备工具造成污染；不慎污染时，应及时将被污染的设备、工具彻底清洁，消除污染。

5）废弃物处理

（1）应制定废弃物存放和清除制度，有特殊要求的废弃物其处理方式应符合有关规定。废弃物应定期清除；易腐败的废弃物应尽快清除；必要时应及时清除废弃物。

（2）车间外废弃物放置场所应与食品加工场所隔离，防止污染；应防止不良气味或有害有毒气体溢出；应防止虫害滋生。

6）工作服管理

（1）进入作业区域应穿着工作服。

（2）应根据食品的特点及生产工艺的要求配备专用工作服，如衣、裤、鞋靴、帽和发网等，必要时还可配备口罩、围裙、套袖、手套等。

（3）应制定工作服的清洗保洁制度，必要时应及时更换；生产中应注意保持工作服干净完好。

（4）工作服的设计、选材和制作应适应不同作业区的要求，降低交叉污染食品的风险；应合理选择工作服口袋的位置、使用的连接扣件等，降低内容物或扣件掉落污染食品的风险。

7）清洁作业区的空调机和净化空气口应定期维护

有关饮料生产卫生规范的更多内容请参阅《食品安全国家标准　食品生产通用卫生规范》（GB 14881—2013）和《食品安全国家标准　饮料生产卫生规范》（GB 12695—2016）。

 任务实施

参观当地饮料企业

【实施准备】

选择一家设施齐全的有一定规模的饮料生产企业，生产车间工作服每人一套。

【实施步骤】

（1）教师进行安全教育，带领学生安全抵达饮料生产企业。

（2）企业接待人员介绍企业概况及主要产品。

（3）企业接待人员带领学生参观企业，了解厂区总体布局、环境卫生控制。

（4）企业接待人员带领学生参观生产车间，了解设施设备布局及人员、卫生管理。

（5）企业接待人员介绍产品工艺流程及生产线主要设备。

 任务评价

填写表 1-19 任务评价表。

表 1-19　任务评价表

任务名称			姓名		学号	
评价内容		评价标准	配分	评分		
				自评（占 10%）	组间评（占 30%）	教师评（占 60%）
1	基本知识	熟悉基本概念，能说出饮料生产卫生规范中有关厂房和车间、设施设备、卫生管理等的要求	20			
2	任务领会与计划	理解任务目标要求，能查阅相关标准，制定任务方案	10			
3	任务实施	能根据任务方案实施任务，听从教师指挥	30			
4	项目验收	撰写参观报告，画出企业厂区布局图，并能说出参观企业如何进行生产卫生控制	10			
5	工作评价与反馈	针对任务的完成情况进行合理分析，对存在的问题展开讨论，提出修改意见	10			

续表

任务名称				姓名		学号	
评价内容			评价标准	配分	评分		
					自评 （占10%）	组间评 （占30%）	教师评 （占60%）
6	职业 素养	考勤	不迟到、不早退，中途不离开任务实施现场	5			
		安全	严格按操作规范操作设备	5			
		卫生	进入厂区的穿戴符合厂区卫生和安全要求	5			
		团结 协作	相互配合，服从组长的安排。发言积极主动，认真完成任务	5			
综合评分（自评分×10%＋组间评分×30%＋教师评分×60%）							
评语							

任务思考

（1）画出饮料生产企业厂区布局图。

（2）饮料生产企业是如何进行生产卫生控制的？

知识拓展

查阅《食品安全国家标准　食品生产通用卫生规范》（GB 14881—2013）和《食品安全国家标准　饮料生产卫生规范》（GB 12695—2016）。

项目二　果蔬汁（浆）及浓缩果蔬汁（浆）的加工

以新鲜或冷藏果蔬（也有一些采用干果）为原料，经过清洗、挑选后，采用物理的方法如压榨、浸提、离心等得到的果蔬汁液、浆液制品，称为果蔬汁（浆）。果蔬汁（浆）除去一定量的水分即制得浓缩果蔬汁（浆）。浓缩果蔬汁（浆）加入其加工过程中除去的等量水分复原后应具有原果蔬汁（浆）应有的特征，此即复原果蔬汁（浆）。

果蔬汁（浆）含有果蔬中所含的各种可溶性成分，如矿物质、维生素、糖、酸等，以及果蔬的芳香成分、不溶性膳食纤维等，因此营养丰富、风味良好，是一种无论在营养或风味上，都十分接近天然果蔬的制品。因此，果蔬汁（浆）也有"液体果蔬"之称。

市场上的果蔬汁（浆）产品有原榨果蔬汁（浆）和复原果蔬汁（浆），产品标称"NFC"（not from concentrate）的为原榨果蔬汁（浆），这里介绍果蔬汁（浆）加工工艺均以原榨果蔬汁（浆）加工为例。

果蔬汁（浆）按产品的状态和加工工艺又可分为以下几种。

（1）澄清果蔬汁：果蔬汁澄清、无悬浮物，稳定性高，但营养成分损失很大，常见的产品有苹果汁、梨汁、葡萄汁等。

（2）浑浊果蔬汁：保留果蔬肉颗粒、树胶质、果胶质等，汁液一般呈浑浊状态，稳定性不好，但营养、风味和色泽上都比澄清果蔬汁好。常见的产品有橙汁、番茄汁、胡萝卜汁等。

（3）带肉果蔬汁：指含有果浆而质地均匀细致的一类果蔬汁，这类产品常用桃、李、杏、梅、胡萝卜等按常法制汁风味较差的果蔬制成。从状态上，它是一种特殊的浑浊果汁。

（4）浓缩果蔬汁：一般浓缩倍数为3～6倍，根据状态也分为澄清浓缩汁和浑浊浓缩汁（浆）。

（5）果蔬汁粉：指浓缩果蔬汁或果汁糖浆加用一定的干燥助剂脱水干燥的产品。《饮料通则》（GB/T 10789—2015）把其归为固体饮料范畴。

制作各种不同类型的果蔬汁，前期工序（原料选择→洗涤→预处理→取汁→粗滤→原果汁）基本相同，主要在后续工艺上有区别（工艺流程见项目一任务二）。澄清果蔬汁需要澄清和过滤，以干果为原料还需要浸提工序；浑浊果蔬汁需要均质和脱气；带肉果蔬汁需要预煮与打浆，其他工序与浑浊果蔬汁一样；浓缩果蔬汁需要浓缩；果蔬汁粉需要脱水干燥。

　　我国饮料行业市场发展大致分为 3 个阶段。2000 年以前,碳酸类饮料占据饮料市场的主导地位;2000~2006 年,消费者的目光渐渐转移到茶饮料、功能饮料上;2007 年至今,随着人们健康意识逐渐增强,消费观念随之转变,瓶装水、果蔬汁、蛋白饮料受到越来越多人的重视。

　　目前国内市场的果蔬汁产品以复原果蔬汁为主,浓缩果蔬汁是国际贸易的主要产品。未来的果蔬汁市场,原榨果蔬汁、复合果蔬汁、发酵果蔬汁将越来越被关注,产品呈现低糖、无糖化的趋势。

任务一　澄清苹果汁的加工

☞ 知识目标

　　(1) 了解果蔬汁加工的基本过程。
　　(2) 掌握澄清果蔬汁加工特有的澄清和过滤方法。

☞ 技能目标

　　(1) 能正确使用加工设备。
　　(2) 能进行澄清苹果汁的加工。

☞ 职业素养

　　培养饮料生产中的安全和责任意识。

任务导入

　　小明从超市买了一瓶苹果汁,果汁澄清透明,标签上写着"100%苹果汁"。小明想,这么清的苹果汁也可以称为 100%,是真的吗?这样的果汁又是怎样生产出来的呢?

知识准备

　　澄清果蔬汁的生产要经过原料选择→洗涤→预处理→取汁→粗滤→澄清、过滤→调配→杀菌→灌装等工序,其中,澄清、过滤是生产澄清果蔬汁的特有工序,原料选择→洗涤→预处理→取汁→粗滤→原果汁为生产各类型果蔬汁共有的前处理工序。

一、果蔬汁加工的基本过程

1. 原料的选择

1）原料选择的质量要求

（1）果蔬原料的新鲜度，应以新鲜果蔬为主。为延长新鲜果蔬的储存期，可采用冷藏法、气调法。

（2）果蔬原料的品质，要求加工品种香味浓郁、色泽好、出汁率高、糖酸比合适、营养丰富。

（3）果蔬原料的成熟度，一般要求成熟度在九成左右。

（4）果蔬原料的安全度，一般要求果蔬原料农药残留、天然毒素含量低，无腐烂病虫害。

2）适合加工的品种

国内外作为果蔬汁原料的水果和蔬菜有 30 余种,常用的有柑橘类水果(包括甜橙类、柑橘类、葡萄柚类和柠檬类)、仁果类水果（主要有苹果、梨、山楂等）、核果类水果（主要有桃、李、杏等）、浆果类水果（主要有猕猴桃、草莓、黑加仑、黑莓、沙棘、柿子、石榴等）、热带水果（主要有菠萝、香蕉、番石榴、芒果、木瓜、西番莲、杨桃、刺梨、荔枝等）等。蔬菜类原料的主要品种有番茄和胡萝卜。

想一想

图 2-1 中哪些水果可以用来加工果汁？哪些不可以？为什么？

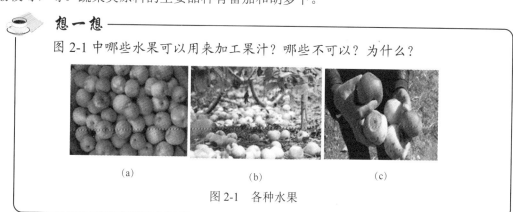

　　（a）　　　　　　　　　　（b）　　　　　　　　　　（c）

图 2-1　各种水果

2. 原料的挑选和清洗

果蔬原料的挑选和清洗是生产优质果蔬汁的必要步骤，若有少量霉变烂果或杂质混入，果蔬汁的色泽、风味和香气就会受到直接影响，并可能引起果蔬汁发酵或霉变，影响果蔬汁的保存。

1）挑选

利用拣果机或挑选台选果，剔除病虫果、腐烂果、未熟果等不合格果实及枝、叶、草等杂物（图 2-2）。

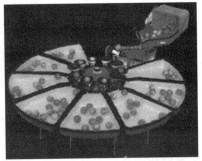

图 2-2　人工及设备选果

2）清洗

清洗的目的是清除果蔬原料表面的泥沙、尘土、虫卵、农药残留，减少微生物的污染，避免榨汁时果蔬表面的杂质进入果蔬汁液中，特别是带皮榨汁的原料更应清洗干净。洗涤方式一般采用浸泡洗涤、喷水冲洗（图 2-3）、鼓泡清洗（图 2-4）和化学溶液清洗。对于草莓等柔软的果实，宜在金属筛板上用清水喷洗；对于一些农药残留量大、微生物污染严重的原料，在洗涤前先用 0.05%～0.1%的高锰酸钾或 0.06%的漂白粉（0.1%的稀盐酸）浸漂 5～10min，再用清水反复冲洗。

图 2-3　柑橘喷水冲洗　　　　　　　　图 2-4　苹果鼓泡清洗与挑选

3. 破碎及榨汁前的预处理

为了提高出汁率和果蔬汁的质量，取汁前通常要进行破碎、加热和加酶等预处理。某些果蔬原料根据要求还要进行去梗、去核、去籽或去皮等工序。

1）破碎

破碎的主要目的是破坏果蔬的组织，使细胞壁发生破裂，以利于细胞中的汁液流出，获得理想的出汁率。果蔬组织的破碎必须适度，如果破碎后的果块太大，则压榨时出汁率降低；过小则压榨时外层的果汁很快地被压榨出来，形成致密的滤饼而使内层的果汁难以流出，同样也会降低出汁率。通过压榨取汁的果蔬，如苹果、梨、菠萝、芒果、番石榴及某些蔬菜，其破碎粒度以 3～5mm 为宜，草莓、樱桃不需破碎；葡萄用挤压式破碎机挤压破皮，使破碎与去梗去皮同时进行；番茄用打浆机或去籽机使破碎和去籽去皮同时进行。所用破碎机械有挤压式破碎机（辊式破碎机）、去核打浆机、锤式破碎机、鼠笼式破碎机等（图 2-5）。破碎时由于果肉组织接触氧气会发生氧化反应而影响果蔬汁的色泽、风味和营养成分等，常采用如下措施防止氧化反应发生：①破碎时喷雾加入维生素 C 或异维生素 C；②在密闭环境进行充氮破碎或加热钝化酶活性等。

(a) 辊式破碎机　　　　(b) 去核打浆机　　　　(c) 锤式破碎机　　　(d) 鼠笼式破碎机

图 2-5　常用破碎机械

2）榨汁前的预处理

预处理的目的是通过改变果蔬细胞的通透性软化果肉，破坏果胶质，降低黏度，提高出汁率。不同的果蔬品种采用不同的预处理方式，主要有热处理和加酶处理两种。

（1）热处理。在破碎过程中和破碎以后，果蔬中的酶被释放，活性大大增加，特别是多酚氧化酶会引起果蔬汁色泽的变化，对果蔬汁加工极为不利。加热可以抑制酶的活性，使果肉组织软化，使细胞原生质中的蛋白质凝固，改变细胞膜的通透性，有利于细胞中可溶性物质向外扩散，使胶体物质发生凝聚，使果胶水解，因而可以提高出汁率。

红色的葡萄品种、红色的西洋樱桃和草莓等莓果类果实，破碎后的预热有利于色素和风味物质的溶出和提取，并能抑制酶的活性和降低汁液中果胶黏度，可提高出汁率。橙若带皮压榨取汁，应先预煮 1～2min，这样可以减少榨出汁中果皮精油的含量。柑橘类为便于剥皮，也常进行预煮。一般热处理条件为 70～75℃，10～15min。也可采用瞬时加热，加热温度为 85～90℃，时间为 1～2min。通常采用管式热交换器进行间接加热。生产澄清果蔬汁或采用果胶含量丰富的果蔬原料时一般不进行热处理。

（2）加酶处理。榨汁时果胶物质的含量对出汁率影响很大。果胶含量高的果实由于汁液黏性大，榨汁比较困难。果胶酶可以有效地分解果肉组织中的果胶物质，使汁液黏性降低，容易榨汁过滤，提高出汁率。因此在制取透明果蔬汁时，为了去除过量的果胶物质，榨汁前有时需要在果浆中添加果胶酶，对果蔬浆进行酶解。

可以在果蔬破碎时，将酶液连续加入破碎机中，使酶均匀分布在果浆中；也可以用水或果汁将酶配成 1%～10% 的酶液，用计量泵按需要量加入。果胶酶制剂的添加量一般为果蔬浆质量的 0.01%～0.03%，酶反应的最佳温度为 45～50℃，反应时间为 2～3h。酶作用时的温度不仅影响分解速度,而且影响产品质量。苹果浆在 40～50℃条件下用果胶酶处理 50～60min,可使出汁率从 75%增加到 85%左右。

为了防止酶处理阶段的过度氧化,通常将热处理和酶处理相结合。简便的方法是将果浆在 90～95℃下进行巴氏杀菌,然后冷却到 50℃再用酶处理,并用管式热交换器作为果浆的加热器和冷却器。

4. 取汁与粗滤

1)取汁

果蔬的取汁工序是果蔬汁加工中一道非常重要的工序。取汁的方式是影响出汁率的一个重要因素,也影响着果蔬汁产品的品质和生产效率。根据原料和产品形式的不同,取汁的方式差异很大,主要有压榨法、浸提法和打浆法等。

(1)压榨法。压榨法是广泛应用的一种取汁方式,即通过一定的压力取得果蔬中的汁液。榨汁可以采用冷榨、热榨,甚至冷冻压榨等方式。例如,生产浆果类果汁,为了获得更好的色泽可采用热榨,在 60～70℃时压榨,使更多的色素溶解于汁液中。压榨可用于柑橘、梨、苹果、葡萄等大多数汁液含量高、压榨易出汁的果蔬原料。果实的出汁率取决于果实的种类和品种、质地、成熟度和新鲜度、加工季节、榨汁方法和榨汁效能。

出汁率可用下式计算:

$$出汁率 = \frac{榨出的汁液质量}{被加工的水果质量} \times 100\%$$

不同果蔬,出汁率不同。常见果蔬的出汁率见表 2-1。此外,榨汁过程中的压力、温度、速度、时间等都影响出汁率,其中破碎度和挤压层厚度对出汁率有重要影响,对浆料先进行薄层化处理可使果汁排放流畅。另外,进行预排汁能够显著提高榨汁机的出汁率和榨汁效率。使用榨汁助剂如硅藻土、珍珠岩等能够改善果浆的组织结构,提高出汁率或缩短榨汁时间。

表 2-1　常见果蔬的出汁率

水果名称	出汁率/%	水果名称	出汁率/%
苹果	70～80	葡萄	75～85
梨	65～80	草莓	70～80
桃	60～70	黑醋栗	75～85
杏	60～70	树莓	65～70
樱桃	65～75	猕猴桃	70～85
菠萝	70～75	柑橘	45～60
西番莲	32～35	番茄	65～75

果蔬压榨法取汁使用的主要榨汁机有以下几种。

① 带式榨汁机（图 2-6）：广泛用于北方地区苹果汁的生产。该机的工作原理（图 2-7）如下：利用两条张紧环状网带夹持果糊后绕过多级直径不等的榨辊，使外层网带对夹于两带间的果糊产生压榨力，果汁穿过网带排出。该机自动化连续工作，生产能力大；但进行开放式压榨，卫生程度差，易产生大量废水，出汁率较低，往往需要加水浸提果渣进一步压榨。

图 2-6　带式榨汁机

② 气囊式榨汁机：常用于葡萄榨汁，又称葡萄榨汁机（图 2-8）。其原理是将果糊打入封闭的圆筒内，通过给圆筒内的气囊充入压缩空气，气囊充气膨胀后挤压果糊，使果汁排出。

③ 螺旋榨汁机：如图 2-9 所示，该机结构简单，能连续工作，果汁中的固形物含量很高，不封闭、出汁率低，而且果汁呈浆状，生产能力较小，目前生产中使用较少。

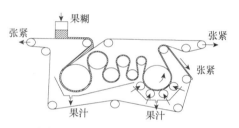

图 2-7　带式榨汁机的工作原理

图 2-8　气囊式榨汁机　　　　图 2-9　螺旋榨汁机

④ 液压式榨汁机（包裹式）：如图 2-10 所示，该机是将果蔬浆用尼龙布包裹起来，浆厚 10cm 左右，层层垒起。层与层之间有隔板，便于果汁的流出，通过液压增压使果汁流出。为了提高生产效率，常使用两个压榨槽，交替工作，一个装料压榨时，另一个卸渣。该机出汁率较高、操作方便，但效率低、劳动强度大，目前一些小型工厂还在使用。

⑤ 爪杯式榨汁机：属专用榨汁机，专门用于柑、橘、橙的榨汁作业（图 2-11）。其

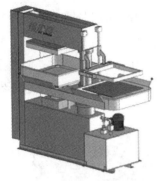

图 2-10　液压式榨汁机（包裹式）

属于整体压榨，原料不破碎。压榨原理是将球状原料放入压榨工位，上下爪状夹持器包围、挤紧原料。同时，滤排汁管插入原料内，随着上下爪状夹持器挤压原料，果汁通过滤排汁管排出。

⑥ HP/HPX 卧式榨汁机：如图 2-12 所示，为瑞典 Bucher-Guyer 公司产品，是全球通用液压式榨汁机。其采用卧式圆筒结构，通过活塞的往复移动进行压榨。其自动化程度、封闭性、卫生程度高，但不能连续化压榨。该机带有 CIP 系统，用于苹果、梨、浆果、核果和蔬菜汁的榨取。

⑦ 卧式螺旋沉降离心机：如图 2-13 所示，简称卧螺，又称滗析器，属于离心分离机，可用于预排汁操作。该机榨汁时间短，可以减少果蔬汁的酶褐变反应，还可以减少果蔬汁中淀粉的含量，缺点是噪声大。

图 2-11　爪杯式榨汁机

图 2-12　HP/HPX 卧式榨汁机　　　图 2-13　卧式螺旋沉降离心机

（2）浸提法。浸提是把果蔬细胞内的汁液转移到液态浸提介质中的过程。通常是将破碎的果蔬原料浸入水中，由于果蔬原料中的可溶性固形物含量与浸汁（溶剂）之间存在浓度差，果蔬细胞中的可溶性固形物就要透过细胞进入浸汁中。浸提法用于通过榨汁法难以取汁的果蔬干果或果胶含量较高的原料，如酸枣、乌梅、红枣、山楂等，在多次取汁工艺中应用于浸提果浆渣中的残存汁液。果蔬浸提汁不是果蔬原汁，是果蔬原汁和水的混合物，即加水的果蔬原汁，这是浸提与压榨取汁的根本区别。

果蔬浸提取汁主要有一次浸提法和多次浸提法。以山楂为例，虽然一次浸汁可溶性固形物含量高，且汁质量好，但有效成分仅为 3 次浸提总提取量的 50%～60%。因此，多次浸提有利于有效成分的充分提取。

$$浸提率＝\frac{单位质量果蔬中被浸出的可溶性固形物量}{单位质量果蔬中可溶性固形物量}×100\%$$

影响浸提效果的主要因素有加溶剂量（多为水）、浸提温度、浸提时间、果实压裂程度等。以山楂为例，浸提时的果水质量比一般以 1∶（2.0～2.5）为宜。浸提温度一般为 60～80℃，最佳温度为 70～75℃，一次浸提时间为 1.5～2.0h，多次浸提累计时间为 6～8h，并进行适当破碎，以增加与水接触机会，有利于可溶性固形物的浸提。

（3）打浆法。打浆主要用于番茄、桃、杏、芒果、香蕉、木瓜等组织柔软、胶体物质含量高的果蔬原料，主要用于生产带肉果蔬汁或浑浊果蔬汁。果蔬原料经过破碎后需要立即在预煮机中进行预煮，以钝化果蔬中酶的活性，防止褐变，然后进行打浆。生产中一般采用 3 道打浆，筛网孔径的大小依次为 1.2mm、0.8mm、0.5mm。经过打浆后，果肉颗粒变小，有利于均质处理。如果采用单道打浆，筛网孔径不能太小，否则容易堵塞网眼。

2）粗滤

榨取的果蔬汁应先经粗滤，以去除汁中分散和悬浮的粗大果肉颗粒、果皮碎屑、纤维素和其他杂质。粗滤常用筛滤法，用不锈钢平筛、回转筛或振动筛，筛网孔径为 32～60 目（0.50～0.25mm）。也可用滤布（尼龙、纤维、棉布）粗滤。生产上，粗滤可以在榨汁过程中进行，也可在榨汁后进行。设有固定分离筛的榨汁机和离心分离式榨汁机等，榨汁和粗滤可在同一台机器上完成。在榨汁后进行的粗滤，所用的设备为各种类型的筛滤机或板框过滤机。

二、澄清果蔬汁的澄清与过滤

澄清是制备澄清果蔬汁的关键工序。在制备澄清果蔬汁时，通过澄清和过滤，可以除去新鲜榨出汁中的全部悬浮物及容易产生沉淀的胶粒。

1. 澄清

果蔬汁生产上常用的澄清方法有以下几种。

（1）自然澄清法。自然澄清法是将果蔬汁置于密闭容器中，经长时间静置，使悬浮物沉淀，与此同时，果胶质也逐渐水解，果蔬汁黏度降低，蛋白质和单宁也会逐渐形成沉淀，从而使果蔬汁澄清。但果蔬汁在长时间静置过程中，易发酵变质，必须加入适当的防腐剂。此法常用在亚硫酸保藏果蔬汁半成品的生产上，也用于果蔬汁的预澄清处理，以减少精滤过程中的沉淀渣。

（2）加热凝聚澄清法。果蔬汁中的胶体物质受到热作用会发生凝聚，形成沉淀。将果蔬汁在80～90s内加热到80～82℃，并保持1～2min，然后以同样的时间冷却至室温，静置使之沉淀。由于温度的剧变，果蔬汁中的蛋白质和其他胶体物质变性，凝聚析出，使果蔬汁澄清。一般可采用密闭的管式热交换器和巴氏杀菌器进行加热和冷却，可以在果蔬汁进行巴氏杀菌的同时进行。该法加热时间短，对果蔬汁的风味影响很小。

（3）加酶澄清法。加酶澄清法即通过添加果胶酶、淀粉酶分解大分子果胶和淀粉，破坏果胶和淀粉在果蔬汁中形成的稳定体系，使胶体物质沉淀，果蔬汁得以澄清。生产中经常使用果胶复合酶，这种酶具有果胶酶、淀粉酶和蛋白酶等多种活性。果胶酶使用条件为：用量0.01%～0.05%，反应温度50～55℃，最佳pH 3.5～5.5，作用时间45～120min，使用时机为取汁后或果蔬汁加热杀菌后。复合酶制剂的使用按供应商建议试验后确定。若榨汁前已用酶制剂处理以提高出汁率，则不需要加酶处理或加少量的酶处理即能得到透明、稳定的产品。

（4）明胶单宁澄清法。明胶单宁澄清法的原理是单宁和明胶或果胶、干酪素等蛋白质物质混合可形成明胶单宁酸盐的络合物而沉降。果蔬汁中的悬浮颗粒也会随着络合物的下沉而被缠绕沉淀。此外，果蔬汁中的果胶、纤维素、单宁及多缩戊糖等带负电荷，酸介质中的明胶带正电荷，正负电荷微粒的相互作用会凝集沉淀，也可使果蔬汁澄清。明胶的用量因果蔬汁的种类和明胶的种类而不同，一般100L果汁需明胶20g左右、单宁10g左右，使用时将所需明胶和单宁配成1%溶液，按需要不断搅拌，缓慢加入果汁中。溶液加入后在8～12℃下静置6～10h，使胶体凝集、沉淀。此法用于梨汁、苹果汁等的澄清，效果较好。添加明胶的量要适当，如果使用过量，不仅妨碍络合物絮凝过程，而且影响果汁成品的透明度。

（5）冷冻澄清法。冷冻使胶体浓缩和脱水，改变了胶体的性质，故而在解冻后聚沉。苹果汁用该法澄清效果特别好，葡萄汁、酸枣汁、沙棘汁和柑橘汁采用此法澄清也能取得较好的效果。一般冷冻温度为-20～-18℃。

（6）蜂蜜澄清法。用蜂蜜作澄清剂不仅可以强化营养，改善产品的风味，抑制果蔬汁的褐变，而且可以将已褐变的果蔬汁中的褐色素沉积下来，澄清后的果蔬汁中天然果胶含量并未降低，但果蔬汁却长期保持透明状态。用蜂蜜澄清果蔬汁时，蜂蜜的添加量一般为1%～4%。

2. 过滤

果蔬汁澄清后，必须进行过滤操作，以分离其中的沉淀物和悬浮物，使果蔬汁澄清透明。常用的过滤介质有石棉、硅藻土、纤维、超滤膜等，过滤介质的选择随过滤方法和设备而异。常用的过滤方法有压滤、真空过滤、离心分离和超滤膜过滤。

（1）压滤。压滤是指待过滤物料流经一定的过滤介质，形成滤饼，并通过机械压力使汁液从滤饼流出，与果肉微粒和絮凝物分离。常用的过滤设备有硅藻土过滤机（图 2-14）和板框过滤机（图 2-15）。硅藻土过滤以硅藻土作为助滤剂，过滤时将硅藻土添加到浑浊果蔬汁中经过反复回流，使硅藻土沉积在滤板上的厚度达 2～3mm，形成滤饼层，一般 40cm×40cm 的板框需用 1.5kg 硅藻土，苹果汁过滤需 1～2kg/1000L，葡萄过滤约需 3kg/1000L。一般硅藻土过滤可用于预过滤。板框过滤机采用固定的石棉等纤维作过滤层，可根据果蔬汁不同，选用不同的过滤材料。当过滤速度明显变慢时，要更换过滤介质。

图 2-14　硅藻土过滤机　　　　　图 2-15　板框过滤机

（2）真空过滤。真空过滤的原理是过滤滚筒内产生一定的真空度，一般在 84.6kPa 左右，利用压力差使果蔬汁渗过助滤剂，从而得到澄清果蔬汁。过滤前在真空过滤器（图 2-16）的滤筛上涂有一层厚 6～7cm 的硅藻土，滤筛部分浸没在果蔬汁中。过滤器以一定的速度转动，均一地把果蔬汁带入整个过滤筛表面。过滤器内的真空可使过滤器顶部和底部的果蔬汁有效地渗过助滤剂，其损失很少。

图 2-16　真空过滤器

（3）离心分离。该法需用离心机完成分离，当料液送入离心机的转鼓后，转鼓高速旋转，一般转速在 3000r/min 以上，在离心力的作用下实现固液分离。离心分离设备（图 2-17）有三足式离心机、管式离心机及碟片式离心机。

（a）三足式离心机　　　（b）管式离心机　　　（c）碟片式离心机

图 2-17　离心分离设备

图 2-18　超滤设备

（4）超滤膜过滤。如图 2-18 所示，在榨汁后，用超滤可以一举取代酶化脱胶、澄清和过滤的工序，大大简化果蔬汁的澄清过程。超滤膜过滤是一种没有相变的物理方法，果蔬汁在过滤过程中不经热处理，并在闭合回路中运行，可减少与空气接触的机会，同时还可除去微生物，提高果蔬汁的质量。过滤后的汁液保留了原有的果香味及维生素、氨基酸、矿物质，汁液清澈透明。超滤是果蔬汁澄清过滤的发展方向。但是鉴于现有的技术水平，超滤在果蔬汁加工方面的应用还有一定的限制。目前普遍采用酶法脱胶和超滤相结合的方法来提高超滤的效率。

果蔬汁超滤澄清的超滤膜常用的有管式膜、平面膜和空心纤维膜 3 种类型，管式膜可截留相对分子质量为 1 万～3 万的粒子。超滤膜材料目前以有机膜为主，如聚砜，但也有用陶瓷和碳材料等制造的无机膜。与有机膜相比，无机膜更耐清洗，并可进行反清洗。

3．果蔬汁的调整与混合

果蔬汁的调整与混合，俗称调配。

1）调配的原则

（1）实现产品的标准化，使不同批次产品保持一致性。

（2）提高果蔬汁产品的风味、色泽、口感、营养和稳定性等，力求各方面能达到很好的效果。

2）糖酸比的调整

（1）糖度的测定和调整。可用折光计先测定原果蔬汁的含糖量（即可溶性固形物含量），然后计算补充糖液的质量。主要用蔗糖或果葡糖浆调整含糖量。

（2）酸度的测定和调整。先测定原果蔬汁的总酸含量，然后根据果蔬汁要求的总酸含量计算需补加的酸量。主要用柠檬酸或苹果酸调整含酸量。

一般果蔬汁含糖量在 8%～14%，有机酸含量在 0.1%～0.5%。不浓缩果蔬汁适宜的糖度和酸度的比例在（13∶1）～（15∶1），适宜大多数人的口味。

（3）成分的调配。

① 弥补香气：可使用一些芳香品种调配或添加香精。

② 调整色泽：可使用一些食用色素来调整色泽。

③ 强化营养成分：如强化膳食纤维、维生素和矿物质等，美国生产的很多橙汁中都添加了钙。

④ 其他防腐剂、稳定剂等按规定量加入。

（4）果蔬汁混合。利用不同种类或不同品种果蔬的各自优势进行复配，可以弥补产品的香气和调整糖酸比，改善产品的风味。例如，玫瑰香葡萄具有较好风味，但色淡、酸分低，宜与深色品种相融合；宽皮橘类缺乏酸味和香味，宜加用橙类果汁；甜橙汁可与苹果、杏、葡萄、柠檬和菠萝等果汁混合；菠萝汁可与苹果、杏、柑橘等果汁混合。混合汁饮料是果蔬汁饮料的发展方向。

4. 果蔬汁的杀菌与灌装

1）杀菌

杀菌是果蔬汁生产必需的操作步骤，除要杀死果蔬汁中的致病菌和钝化果蔬汁中的酶外，同时要考虑产品的质量（如风味、色泽和营养成分）及物理性质（如黏度、稳定性等）不能受到太大的影响。

杀菌的方法主要有热杀菌和冷杀菌两种。目前使用最多的是热杀菌，常用高温短时杀菌和超高温瞬时杀菌技术，后一种可直接进行无菌灌装。

冷杀菌技术目前研究较多的是超高压杀菌、脉冲电场杀菌、紫外线杀菌、强光脉冲杀菌、振荡磁场杀菌等。

（1）热杀菌方法。

① 高温短时杀菌。对于pH<4.5的高酸性果蔬汁采用高温短时杀菌技术，一般温度为91～95℃，时间为15～30s。该法营养物质损失小，适宜于热敏性果汁。

② 超高温瞬时杀菌。对于pH>4.5的果蔬汁广泛采用超高温杀菌技术，杀菌温度为120～130℃，时间为3～10s。由于加热时间短，该法对于果蔬汁的色、香、味及营养成分保存非常有利。

特别说明：对于玻璃瓶装和三片罐装的果蔬汁多采用二次巴氏杀菌。即将果蔬汁加热至 70～80℃后灌装（实际上主要是为了排气，生产中通常称为第一次杀菌），密封后再进行第二次杀菌。由于加热时间较长，该法对产品的营养成分、颜色和风味都有不良的影响，现在生产中使用较少。

（2）热杀菌设备。常见的热杀菌设备（图 2-19）有板式换热器［图 2-19（a）］、列管式换热器、套管式换热器［图 2-19（b）］，如进行二次巴氏杀菌，第二次巴氏杀菌常见的设备有卧式杀菌锅。

2）灌装

（1）灌装形式。一般采用热（高温）灌装和冷（低温）灌装。

① 热（高温）灌装。果蔬汁在经过加热杀菌后趁热灌装，然后密封、冷却。该法

较常用于高酸性果蔬汁及果蔬汁饮料，也适用于茶饮料。橙汁、苹果汁及浓缩果汁等可以在88～93℃下杀菌40s，再降温至85℃灌装；也可在107～116℃杀菌2～3s后灌装。目前较通用的果蔬汁灌装条件为135℃、3～5s杀菌，85℃以上热灌装，倒瓶10～20s，冷却到38℃。包装容器一般采用金属罐、玻璃瓶（还要二次杀菌）或PET瓶（还要倒瓶杀菌，如图2-20所示）等，在常温下流通销售，产品不会变质败坏，可储藏1年以上。图2-21为PET果汁热灌装三位一体机。

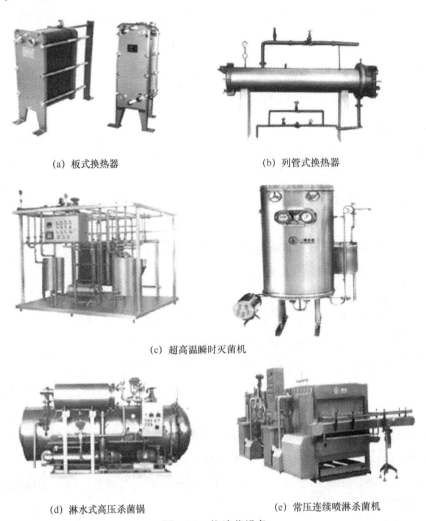

(a) 板式换热器　　　　　　　　　(b) 列管式换热器

(c) 超高温瞬时灭菌机

(d) 淋水式高压杀菌锅　　　　　(e) 常压连续喷淋杀菌机

图2-19　热杀菌设备

　　② 冷（低温）灌装。果蔬汁经过加热杀菌后，立即冷却至5℃以下灌装、密封。包装容器一般采用无菌纸包装或PET瓶，在灌装前包装容器需经过清洗消毒，产品保质期可达12个月。无菌包装是冷灌装的特殊形式。图2-22为PET无菌冷灌装流程。

　　（2）包装形式。

　　① 无菌纸包装。无菌包装技术是指将经杀菌的食品，在无菌条件下充填入无菌

图 2-20　倒瓶杀菌

图 2-21　PET 果汁热灌装三位一体机

包装容器中，在无菌条件下进行密封的一种包装方法。无菌包装技术始于 20 世纪，采用该项技术的食品营养损失少、风味不变，不需冷藏即可长期储存。

② 塑料瓶。塑料瓶主要有 PET 瓶和 BOPP 瓶。

③ 玻璃瓶。瓶形较以前有很大不同，设计美观，以四旋盖代替了皇冠盖。

④ 金属罐。以三片罐为主，近年来也有在果蔬汁中充入氮气的两片罐装果蔬汁。

图 2-22　PET 无菌冷灌装流程

 任务实施

澄清苹果汁的制作

【实施准备】

1. 设备清洗

采用 CIP 果汁生产线，方法见项目一任务二。

2. 材料准备

符合果汁生产的苹果、氢氧化钠、洗涤剂、蔗糖、柠檬酸、维生素 C、明胶、硅胶、膨润土、果胶酶、淀粉酶、半纤维素酶和纤维素酶等。

【实施步骤】

1. 工艺流程（图 2-23）

苹果 → 选果 → 清洗 → 破碎 → 榨汁 → 粗滤 → 澄清 → 过滤 → 调配 → 杀菌 → 灌装 → 冷却 → 检验 → 成品

（破碎处上方标注：酶）

图 2-23　澄清苹果汁加工工艺流程

2. 操作要点

（1）原料选择。选择糖分较高，酸味和涩味适当，香味浓，汁液丰富，取汁容易，酶褐变不明显的品种。适宜的品种有澳洲青苹、秦冠、富士、红玉等。要求苹果成熟度适中、新鲜完好。

（2）选果与清洗。剔除病虫害果、烂伤果并在流水槽中冲洗。如表皮有残留农药，则用 0.5%～1% 的氢氧化钠和 0.1%～0.2% 的洗涤剂浸洗，并在 40℃ 水中浸泡 10min，然后用清水强力喷淋冲洗。清洗的同时进行分选和清除烂果。

（3）破碎。用苹果磨碎机或锤碎机破碎，颗粒大小要一致，破碎要适度，果浆粒度以 2～6mm 为佳。破碎时可添加维生素 C 以防止果汁褐变，添加量为苹果量的万分之一。可将维生素 C 配成 5% 的溶液用定量泵注入磨碎机。破碎时可进行酶处理，可使用果胶酶、半纤维素酶和纤维素酶。

（4）榨汁和筛滤。常用压榨法（带式压榨机、包裹式压榨机、螺旋压榨机、活塞式压榨机）榨汁，离心分离法粗滤（孔径为 60～100 目），苹果出汁率一般在 68%～86%。使用酶处理和榨汁助剂可以提高出汁率，用浸提法可使出汁率达到 90% 以上。

（5）澄清和粗滤。目前常用酶法澄清（常用果胶酶和淀粉酶）辅助超滤、热处理和使用明胶等澄清剂进行澄清。苹果汁温度为 50℃，pH 为 3.5，酶的作用效果最佳。酶在加入前用少量 50℃ 的果汁浸泡 0.5h 左右加入。反应到 30min 左右时加入明胶，随后加入硅胶，处理 8～9min 后，加入膨润土。继续静置、沉降约 50min，进入下一工序。澄清剂的使用量一般为明胶∶硅胶∶膨润土＝1∶10∶5。处理前要通过预澄清试验来确定澄清剂的最佳添加量。

澄清处理后的苹果汁，用板框过滤机或硅藻土过滤机粗滤。用硅藻土作滤层还可除去苹果中的土腥味。

（6）调配。加糖、加酸（如蔗糖、柠檬酸、维生素 C）使果汁的糖酸比维持在（10∶1）～（15∶1），一般成品的糖度为 12%，酸度为 0.35% 左右。生产苹果汁时，可以使用一些芳香品种（如元帅、金冠、青香蕉等）与一些酸味较强或酸味中等的品种复配，以弥补产品的香气和调整糖酸比，改善产品的风味。

（7）杀菌。高温短时杀菌：温度为 91～95℃，时间为 15～30s。

超高温瞬时杀菌：温度为 120～130℃，时间为 3～10s，可直接进行无菌灌装。

（8）灌装。目前苹果汁产品灌装形式一般采用热灌装，包装类型一般为 PET 瓶和无菌纸包装。

3. 感官评价

制备出来的澄清苹果汁感官要求应符合表 2-2。

表 2-2　澄清苹果汁感官要求

项目	要求	分值
色泽	果肉色、透明，无变色现象	2.5
香气	新鲜苹果固有的滋味和香气，无异味	2.5
外观形态	澄清透明，无沉淀和悬浮物	2.5
杂质	无肉眼可见外来杂质	2.5

 任务评价

填写表 2-3 任务评价表。

表 2-3　任务评价表

任务名称			姓名		学号	
评价内容		评价标准	配分	评分		
				自评 （占 10%）	组间评 （占 30%）	教师评 （占 60%）
1	基本知识	熟悉基本概念，能说出本次任务的工艺流程	20			
2	任务领会与计划	理解生产任务目标要求，能查阅相关资料，制定生产方案	10			
3	任务实施	能根据生产方案实施生产操作，在规定的时间内完成任务，生产出产品，听从教师指挥，动手操作正确、有序	30			
4	项目验收	根据产品相关标准对完成的产品进行评价	10			
5	工作评价与反馈	针对任务的完成情况进行合理分析，对存在的问题展开讨论，提出修改意见	10			
6	职业素养 考勤	不识到、不早退，中途不离开任务实施现场	5			
	安全	严格按操作规范操作设备	5			
	卫生	生产过程卫生良好，设备和场地清理干净，设备归位，工具、用具摆放整齐，地面无污水及其他垃圾	5			
	团结协作	相互配合，服从组长的安排。发言积极主动，认真完成任务	5			
综合评分（自评分×10%＋组间评分×30%＋教师评分×60%）						
评语						

 任务思考

（1）试述澄清苹果汁加工的一般工艺流程。

（2）澄清果蔬汁生产的特有工序是什么？分别可以采用哪些方法实现？

知识拓展

果蔬原料的化学成分

水果和蔬菜是果蔬汁的主要原料。果蔬汁的质量及其生产的工艺技术条件主要取决于水果、蔬菜原料的化学构成。不同的果蔬，其化学成分不同，构成了其各自不同的风味，在同一种果蔬的不同品种之间，其化学组成差异也甚大。

果蔬原料的主要化学成分如图 2-24 所示。

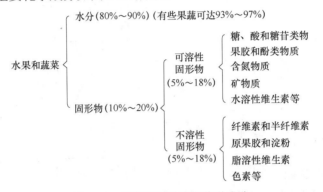

图 2-24　果蔬原料的主要化学成分

果蔬汁在加工中的技术条件，在很大程度上取决于水果、蔬菜原料的化学构成。澄清果蔬汁的成分为水溶性的，主要是存在于植物细胞液泡的细胞液成分；浑浊果蔬汁除细胞液成分外，尚有不溶于水的其他细胞组织成分，如果胶、纤维素等。

任务二　浑浊甜瓜汁的加工

知识目标

（1）了解浑浊果蔬汁加工的基本工艺流程。
（2）掌握浑浊果蔬汁加工过程中均质和脱气的方法。

技能目标

（1）能正确使用均质和脱气设备。
（2）能进行浑浊甜瓜汁的加工。

职业素养

培养饮料生产中的安全和责任意识。

 任务导入

小明买了一瓶美味的甜瓜汁，发现和苹果汁不同，甜瓜汁是浑浊的，那么浑浊果蔬汁又是怎样生产出来的呢？

 知识准备

一、浑浊果蔬汁的一般生产工艺

浑浊果蔬汁的一般生产工艺流程如图 2-25 所示。其中，均质与脱气是浑浊果蔬汁生产特殊且必需的工序，其他工序与澄清果蔬汁生产相同，在此不再赘述。

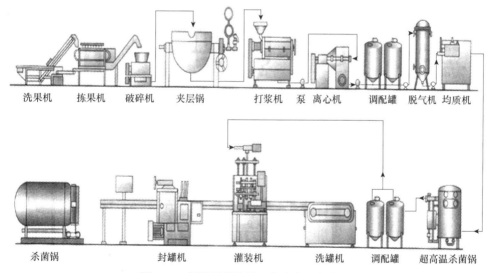

图 2-25　浑浊果蔬汁的一般生产工艺流程

二、浑浊果蔬汁的均质和脱气

1. 均质

均质是浑浊果蔬汁和果肉果汁加工的特殊工艺。均质的目的是使果蔬汁中不同粒度、不同相对密度的果肉颗粒进一步破碎并使之均匀，促使果胶渗出，增加果汁与果胶的亲和力，抑制果蔬汁分层并产生沉淀，使果蔬汁状态保持均一稳定，减少稳定剂和增稠剂的用量。均质后的果蔬汁，色泽和外观、口感得到了改善，装瓶后不致发生沉淀而分层。

目前使用的均质设备有高压均质机、超声波均质机及胶体磨等几种。

1）高压均质机

高压均质机（图2-26）由往复泵、均质阀组成。均质阀系统由一级均质阀和二级均质阀组成，一级均质阀以破碎作用为主，压力为 0～60MPa，二级均质阀以乳化作用为主，压力为 0～20MPa。其工作原理（图2-27）是通过均质机内高压阀的作用，使加高压的果蔬汁及颗粒从高压阀极端狭小的间隙中通过，然后通过剪切力和急速降压所产生的膨胀力、冲击力和空穴力的作用，使果蔬汁中的细小颗粒受压而破损，粒径达到胶粒范围而均匀分散在果蔬汁中。制作浑浊果蔬汁饮料的均质压力一般为18～20MPa，制作果肉型果蔬汁饮料的均质压力一般为30～40MPa。果蔬汁在均质前，必须先进行过滤以除去其中的大颗粒果肉、纤维和颗粒，防止均质阀的间隙被堵塞。

图 2-26　高压均质机

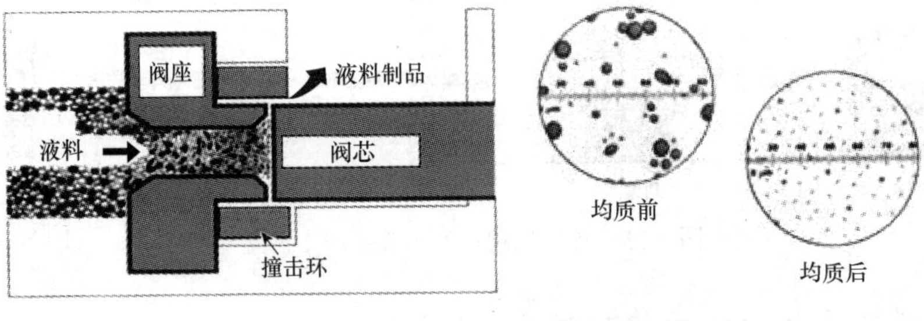

图 2-27　高压均质机的工作原理

2）超声波均质机

超声波均质机是利用 20～25kHz 的超声波的强大冲击波和空穴作用力，使物料受到复杂搅拌和乳化作用而均质化的设备。超声波均质机除了诱发产生强大空穴作用外，固体离子还受到湍流、摩擦和冲击等作用，使粒子被破坏，粒径变小，达到均质的目的。超声波均质机由泵和超声波发生器构成，果蔬汁由特殊高压泵以 1.2～1.4MPa 的压力供给超声波发生器，并以 72m/s 的高速喷射速率通过喷嘴，而使粒子细微化。

3）胶体磨

胶体磨也可用于均质，如图 2-28 所示。当果蔬汁流经胶体磨时，上磨与下磨之间仅有 0.05～0.075mm 的狭腔，由于磨的高速旋转，果蔬汁受到强大的离心作用，所含的颗粒相互冲击、摩擦、分散和混合，微粒的细度可达 0.002mm 以下，从而达到均质的目的。

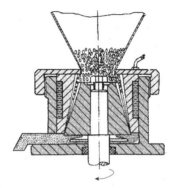

图 2-28　胶体磨及其工作原理

2. 脱气

存在于果实细胞间隙中的氧气、氮气和呼吸作用的产物二氧化碳等气体，在果汁加工过程中能以溶解状态进入果汁，或被吸附在果肉微粒和胶体的表面，同时果蔬汁与大气的接触增加了气体的含量，因此制得的果汁中必然存在大量的氧气、氮气和二氧化碳气体。例如，生产上每升甜橙压榨汁的气体总量为 33～35mL，其中氧为 2.5～4.7mL；实验室制备的甜橙汁，每升中含气体 2.7～5.0mL，其中二氧化碳占 1/4，氧气占 1/5，其余为氮气。这些气体的存在，不仅会破坏果蔬汁的稳定性，加速营养物质的分解，同时还会给以后的加热过程带来不便，如出现大量的泡沫。因此必须除去这些气体，脱气操作就是采用一定措施除去果蔬汁中的气体，特别是氧气。

脱气又称去氧或脱氧。脱氧可防止或减轻果蔬汁色素、维生素 C、香气成分或其他物质的氧化，防止品质变劣；去除附着于悬浮颗粒上的气体，减少或避免微粒上浮，以保持良好外观；防止和减少装罐和杀菌时产生泡沫，减少马口铁罐内壁的腐蚀。然而脱氧也会导致果汁中挥发性芳香物质的损失，必要时可进行回收，加回果汁中。与之相反，对于柑橘类果汁，为了避免过量的外皮精油混入果汁中而产生不良味，常进行减压去油，因去油时空气也被除去，所以其后不必再进行脱氧。

果蔬汁的脱气常采用真空脱气法、气体交换法、酶法脱气和抗氧化剂法等。

1）真空脱气法

真空脱气法即利用在真空下，溶解在果蔬汁中的气体因过饱和会不断逸出，从而达到脱除气体的目的。操作中常采用离心喷雾、压力喷雾和薄膜流的方法使果汁分散成薄膜或雾状,以增大果汁脱气面积,加快脱气速度(图 2-29)。脱气时真空度维持在 0.0907～0.0933MPa,脱气温度保持在 50～70℃。真空脱气机外形如图 2-30 所示。

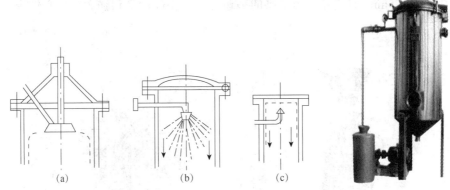

图 2-29　真空脱气法果汁分散形式　　　　图 2-30　真空脱气机外形

2)气体交换法

气体交换法是把惰性气体(如氮气)充入含氧的饮料中,使果蔬汁在惰性气体的泡沫流的强烈冲击下失去所附着的氧。气体交换法能减少挥发性芳香物质的损失,有利于防止加工过程中的氧化变色。

3)酶法脱气

酶法脱气是利用葡萄糖氧化酶将葡萄糖氧化成葡萄糖酸和过氧化氢而消耗果蔬汁中的氧气,生产中一般不单独使用。

4)抗氧化剂法

抗氧化剂法是利用一些抗氧化剂(如维生素 C 或异维生素 C)消耗果汁中的氧气,它常常与其他方法结合使用。

 任务实施

浑浊甜瓜汁的制作

【实施准备】

1. 设备清洗

采用 CIP 果汁生产线,方法见项目一任务二。

2. 材料准备

新疆网纹甜瓜、漂白粉、蔗糖、柠檬酸、山梨酸、复合稳定剂、姜汁等。

【实施步骤】

1. 工艺流程（图 2-31）

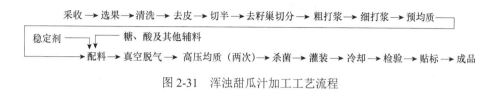

图 2-31　浑浊甜瓜汁加工工艺流程

2. 操作要点

（1）清洗。原料为充分成熟和完好的网纹甜瓜，其表面密布裂纹，常黏附有泥沙和其他杂物，必须仔细清洗干净。先用毛刷在流动水中清洗，再用 0.06%漂白粉溶剂浸泡5min，最后用清水冲洗去除瓜面漂白粉残液。

（2）去皮。网纹甜瓜果皮粗糙、厚韧、色绿、味淡、不可食，加工前应去除。削皮时应去除果肉外靠皮层附近带绿色部分，以免影响瓜汁颜色。

（3）粗打浆、细打浆。将切成 2cm 见方小块后的瓜块放入打浆机中打浆。粗打浆时筛网孔径为 1.5cm，细打浆时筛网孔径为 0.6～0.8cm。

（4）预均质。将打浆后的料浆倒入胶体磨中细磨，调节磨盘静齿、动齿间距为 40～80μm，在 5000r/min 转速下，连续处理两次，稳定剂配好经纱布过滤后也应行此项工艺处理。

（5）配方。料浆 30g、蔗糖 11g（含瓜汁糖分）、柠檬酸 0.1g、山梨酸 0.08g、复合稳定剂 0.15g、姜汁 1g，加水至 100mL。

（6）调配。用 80℃以上热水化糖，绢布过滤，配成 40%溶液备用。生姜洗净、去皮、切碎、打浆，对半加水煮沸，绢布过滤。复合稳定剂加水煮沸溶化，保温 95℃以上，静置 15min，双层纱布过滤。山梨酸先用少许乙醇溶解，再加热水稀释。在定量配料罐中依次加入料浆、姜汁、糖液、山梨酸、复合稳定剂、水、柠檬酸。糖液浓度用折光计监测，pH 控制为 4.0～4.3，用酸度计监测，混合后温度控制在 50～55℃。

（7）真空脱气。料液经充分搅拌混合好后随即泵入真空脱气机中，在温度为 50～55℃，真空度为 0.07MPa 条件下处理 15min，排除空气，减少维生素 C 氧化，防止变味。

（8）高压均质。料液脱气后，泵入高压均质机中，在 20～25MPa 压力下处理（均质时间和循环次数随物料不同而不同），使果肉微粒化。

（9）杀菌。均质后的料液紧接着在（93±1）℃下，杀菌 30s，无菌装罐，迅速冷却至常温，避免余温作用对风味产生不良影响，经检验后，产品即为成品。

3. 感官评价

制备出来的浑浊甜瓜汁感官要求应符合表 2-4。

表 2-4　浑浊甜瓜汁感官要求

项目	要求	分值
色泽	橙黄色	2
香气	具有厚皮甜瓜或哈密瓜特有芳香	2
滋味	酸甜适口、口味纯正，无异味	2
组织状态	均匀浑浊，基本不分层	2
杂质	无肉眼可见外来杂质	2

  任务评价

填写表 2-5 任务评价表。

表 2-5　任务评价表

任务名称			姓名		学号	
评价内容		评价标准	配分	评分		
				自评（占 10%）	组间评（占 30%）	教师评（占 60%）
1	基本知识	熟悉基本概念，能说出本次任务的工艺流程	20			
2	任务领会与计划	理解生产任务目标要求，能查阅相关资料，制定生产方案	10			
3	任务实施	能根据生产方案实施生产操作，在规定的时间内完成任务，生产出产品，听从教师指挥，动手操作正确、有序	30			
4	项目验收	根据产品相关标准对完成的产品进行评价	10			
5	工作评价与反馈	针对任务的完成情况进行合理分析，对存在的问题展开讨论，提出修改意见	10			
6	职业素养 考勤	不迟到、不早退，中途不离开任务实施现场	5			
	安全	严格按操作规范操作设备	5			
	卫生	生产过程卫生良好，设备和场地清理干净，设备归位，工具、用具摆放整齐，地面无污水及其他垃圾	5			
	团结协作	相互配合，服从组长的安排。发言积极主动，认真完成任务	5			
综合评分（自评分×10%＋组间评分×30%＋教师评分×60%）						
评语						

  任务思考

（1）试述浑浊甜瓜汁加工的一般工艺流程。

（2）浑浊果蔬汁生产的特有工序是什么？分别可以采用哪些方法实现？

任务三　浓缩葡萄汁的加工

 知识目标

（1）了解浓缩果蔬汁加工的基本工艺流程。
（2）掌握浓缩果蔬汁加工必需工序浓缩的方法。

 技能目标

（1）能正确使用浓缩设备。
（2）能进行浓缩葡萄汁的加工。

 职业素养

培养饮料生产中的安全和质量意识。

 任务导入

小明在超市看见一款葡萄汁，价格比 100%葡萄汁高了很多，定睛一看，上面标的是"浓缩葡萄汁（5∶1）"，那么，浓缩果汁又是怎样生产出来的呢？

 知识准备

一、浓缩果蔬汁的一般生产工艺

浓缩果蔬汁是在澄清果蔬汁或浑浊果蔬汁的基础上脱除部分水分，因此，浓缩果蔬汁包括浓缩果蔬清汁和浓缩果蔬浊汁。

新鲜的果蔬汁可溶性固形物含量一般在 5%～20%，通过浓缩可以把果汁中的固形物含量提高到 60%～75%，提高了糖度和酸度，增加了产品的化学稳定性，可抑制微生物的繁殖，在不加任何防腐剂情况下也能使产品长期保藏；体积缩小，大大节约了储存容器和包装运输费用；能克服果实采收期和品种所造成的成分上的差异，使产品质量达到一定的规格要求，满足各种饮料加工多用途的需要，归避了生产季节性等问题。

浓缩果蔬汁的固形物含量用糖度（°Bx）表示。

$$浓缩倍数 = \frac{果蔬汁质量}{浓缩汁质量或浓缩倍数} = \frac{果蔬汁固形物含量}{浓缩汁固形物含量}$$

表 2-6 列出了常见的果蔬浓缩汁产品及固形物含量。

表 2-6　常见的果蔬浓缩汁产品及固形物含量

浓缩汁名称	糖度/°Bx
浓缩苹果汁	70～72
浓缩橙汁	63
浓缩菠萝汁	65
浓缩葡萄汁	65～70
浓缩胡萝卜汁	30
浓缩番茄汁	28～30

浓缩果蔬清汁和浓缩果蔬浊汁的生产工艺流程分别如图 2-32 和图 2-33 所示,浓缩果蔬浆的生产工艺流程如图 2-34 所示。浓缩果蔬汁生产的特有工序为浓缩脱水,其他工序同果蔬清汁和果蔬浊汁生产。

二、浓缩果蔬汁的浓缩与脱水

理想的浓缩果蔬汁应该保存新鲜果蔬的天然风味和营养价值,在稀释和复原时,必须具备与原果蔬汁相似的品质。由于果蔬汁多为热敏性物质,容易受到高温损害,因此应尽量在较低温度下完成脱水操作。常用的浓缩方法有真空浓缩、冷冻浓缩、膜技术浓缩等。

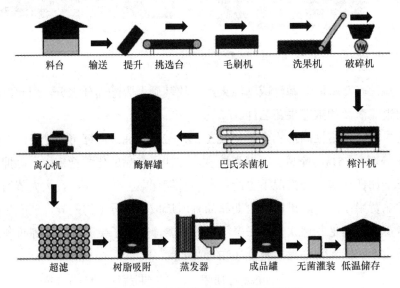

图 2-32　浓缩果蔬清汁的生产工艺流程

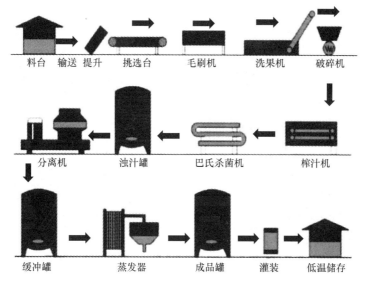

图 2-33　浓缩果蔬浊汁的生产工艺流程

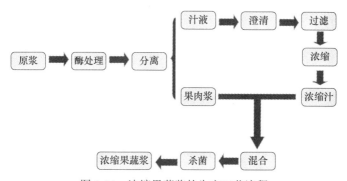

图 2-34　浓缩果蔬浆的生产工艺流程

1. 真空浓缩

真空浓缩即在减压条件下，使果蔬汁中的水分迅速蒸发，浓缩时间较短，能很好地保存果蔬汁的质量。真空浓缩的浓缩温度一般为 25～35℃，不宜超过 40℃，真空度为 94.7kPa 左右。但这种温度较适合于微生物的繁殖和酶的作用，因此果汁浓缩前应进行适当的瞬时杀菌和冷却。

真空浓缩设备的关键组件是蒸发器。蒸发器主要由加热器和分离器两部分组成，常用的主要有单程式（升膜、降膜式、板式、离心薄膜式）蒸发器、循环式蒸发器（强制、自然）等。蒸发浓缩所消耗的热量可以利用一次或多次。一次者称为单效蒸发，蒸发过程中产生的二次蒸汽直接冷凝不再用于蒸发加热；若产生的二次蒸汽再次用于其他蒸发器的加热，则称为多效蒸发。根据生产能力和浓缩程度，可以选择 1～4 效蒸发器（图 2-35）。

（a）二效蒸发器　　　　　　　　　　　　　（b）三效蒸发器

图 2-35　多效蒸发器

2. 冷冻浓缩

冷冻浓缩是将果蔬汁进行冷冻，果蔬汁中的部分水即形成冰结晶，用机械的方法分离这种冰结晶，果蔬汁中的可溶性固形物就得到浓缩，即可得到浓缩果汁。这种浓缩果汁的浓缩程度取决于果蔬汁的冰点，果蔬汁冰点越低，浓缩程度就越高。例如，浓度为10.8%的苹果汁冰点为−1.3℃，而浓度为63.7%的苹果汁冰点为−18.6℃。冷冻浓缩避免了热及真空的作用，没有热变性，挥发性风味物质损失极微，产品质量远比蒸发浓缩的产品为优，尤其是对热敏感的柑橘汁效果最为显著。同时，冷冻浓缩热量消耗少，在理论上冷冻浓缩所需热量约为蒸发浓缩热量的1/7。但是，冰结晶生成与分离时，冰晶中吸入少量的果蔬汁成分及冰晶表面附着的果蔬汁成分会损失，浓缩效率比蒸发效率差，浓缩浓度很难达到55%以上。

3. 膜技术浓缩

膜技术浓缩即应用超滤和反渗透膜将果蔬汁浓缩。反渗透需要与超滤和真空浓缩结合起来才能达到较为理想的效果。具体过程如下：浑浊果蔬汁→超滤→澄清果蔬汁→反渗透→浓缩汁→真空浓缩→浓缩汁。目前，国内比较成熟的有反渗透浓缩苹果汁、山楂汁工艺。

三、芳香物质的回收

新鲜果汁具有各种特有的芳香物质即香精，如脂类、醇类、羟基化合物和其他多种有机物，这些物质按照一定比例存在，形成了各种果实特有的芳香。果汁的芳香物质在蒸发操作中随蒸发而逸散。因此，新鲜果汁进行浓缩后就缺乏芳香，这样就必须将这些逸散的芳香物质回收，加回到浓缩果汁中，以保持原果汁的风味。芳香物质回收方法有两种：一种是在浓缩前，首先将芳香成分分离回收；另一种是从浓缩罐的蒸发蒸汽中进行分离回收，最后将回收液加回到浓缩果汁中。

四、浓缩果蔬汁的包装形式与储藏

1. 浓缩果蔬汁的包装形式

浓缩果蔬汁的包装通常采用大容量的内壁涂料罐（3～5kg）、大容量复合塑料袋或桶（5～200kg）包装。长途运输常用箱中袋或桶装袋的包装形式。出口浓缩苹果汁多用容积200L的塑料桶或铁桶包装。

果蔬浓缩汁可采用热灌装、无菌灌装。进口浓缩汁生产线均采用无菌灌装，一般使用大袋无菌包装。

2. 浓缩果蔬汁的储藏

浓缩果蔬汁的可溶性固形物含量高，酸度高，一般微生物不易生长，但浓缩汁在储藏中主要的品质变化是褐变现象和风味劣化。

1）冷藏

最低糖度为 68～70°Bx 的高浓度浓缩果蔬汁由于可储性好，储藏和运输时可装于储罐（容积可大至 1000m³）或塑料桶中。浓缩果蔬汁的储藏温度应在 5～10℃，以防止褐变或走味。苹果和葡萄浓缩汁常用此法储藏。

2）冷冻储藏

糖度低于 68°Bx 的浓缩果蔬汁一般用 200L 涂料桶或大容量桶（箱）装袋包装，在-18℃以下储藏和运输。欧美一些国家生产的浓缩果蔬汁，如柑橘浓缩汁，大部分是冷冻储藏的。浓缩果蔬汁在冷却至-8～-5℃后装入桶或袋内，密封后置于-30～-25℃冷冻库内储藏。由于冷冻储藏的浓缩果蔬汁不用再加热杀菌，因而可以明显减少褐变，果汁风味、色泽变化小，微生物显著减少，浓缩果蔬汁可长期保持良好的状态。

五、果蔬汁常见的质量问题及预防措施

1. 果蔬汁的浑浊与沉淀

澄清果蔬汁要求汁液清亮透明，浑浊果蔬汁要求有均匀的浑浊度，但果蔬汁生产后在储藏销售期间，常达不到要求，易出现异常。例如，苹果和葡萄等澄清果蔬汁常出现浑浊和沉淀，柑橘、番茄和胡萝卜等浑浊果蔬汁常发生沉淀和分层现象。

1）浑浊与沉淀原因

（1）加工过程中杀菌不彻底或杀菌后微生物再污染。微生物活动会产生多种代谢产

物，因而导致浑浊沉淀。

（2）澄清果蔬汁中的悬浮颗粒及易沉淀的物质未充分去除，在杀菌后储藏期间会继续沉淀；浑浊果蔬汁中所含的果肉颗粒太大或大小不均匀，在重力的作用下沉淀，果蔬汁中的气体附着在果肉颗粒上时，使颗粒的浮力增大，浑浊果蔬汁也会分层。

（3）加工用水未达到软饮料用水标准，带来沉淀和浑浊的物质。

（4）金属离子与果蔬汁中的有关物质发生反应产生沉淀。

（5）调配时糖和其他物质质量差，可能会有导致浑浊沉淀的杂质。

（6）香精水溶性低或用量不合适，从果蔬汁分离出来引起沉淀等。

2）预防措施

要根据具体情况进行预防和处理。在加工过程中提高澄清和杀菌质量，是减轻澄清果蔬汁浑浊和沉淀的重要保障。在榨汁前后对果蔬原料或果蔬汁进行加热处理，破坏果胶酶的活性，对均质、脱气和杀菌操作严格把关，是防止浑浊果蔬汁沉淀和分层的主要措施。

另外，针对浑浊果蔬汁添加合适的稳定剂，增加汁液的黏度也是一个有效的措施。生产中通常使用混合稳定剂，稳定剂混合使用的稳定效果比单独使用好。如果汁液中 Ca^{2+} 含量丰富，则不能选用海藻酸钠、羧甲基纤维素作稳定剂，因为 Ca^{2+} 可以使此类稳定剂从汁液中沉淀出来。

2. 果蔬汁的败坏

果蔬汁败坏常表现为表面长霉、发酵，同时产生二氧化碳、醇或因产生乙酸而败坏。

1）败坏原因

果蔬汁败坏主要由微生物活动所致，主要是细菌、酵母菌、霉菌等。酵母能引起胀罐，甚至会使容器破裂；霉菌主要侵染新鲜果蔬原料，造成果实腐烂，污染的原料混入后易引起加工产品的霉味。它们在果蔬汁中破坏果胶，引起果蔬汁浑浊，分解原有的有机酸，产生新的异味酸类，使果蔬汁变味。

2）预防措施

采用新鲜、健全、无霉烂、无病虫害的原料取汁；注意原料取汁打浆前的洗涤消毒工作，尽量减少原料外表微生物数量；防止半成品积压，尽量缩短原料预处理时间；严格把控车间、设备、管道、容器、工具的清洁卫生，以及加工工艺规程；在保证果蔬汁饮料质量的前提下，杀菌必须充分，适当降低果蔬汁的pH，有利于提高杀菌效果等。

3. 果蔬汁的变味

1）变味原因

果蔬汁饮料加工的方法不当及储藏期间环境条件不适宜；原料不新鲜；加工时过度

的热处理；调配不当；加工和储藏过程中的各种氧化和褐变反应；微生物活动所产生的不良物质也会使果蔬汁变味。

2）预防措施

（1）选择新鲜良好的原料，合理加热，合理调配，同时生产过程中尽量避免与金属接触。凡与果蔬汁接触的用具和设备，最好采用不锈钢材料，避免使用铜铁用具及设备。

（2）柑橘类果汁比较容易变味，特别是浓度高的柑橘汁更容易变味。柑橘果皮和种子中含有柚皮苷和柠檬苦素等苦味物质，榨汁时稍有不当就可能进入果汁中，同时果汁中的橘皮油等脂类物质发生氧化和降解也会产生萜味。

因此，对于柑橘类果汁可以采取以下措施防止变味：用锥形榨汁机或全果榨汁机压榨时分别取油和取汁，或先行磨油再行榨汁，同时改变操作压力，不要压破种子和过分压榨果皮，以防橘皮油和苦味物质进入果汁；杀菌时控制适当的加热温度和时间；将柑橘汁于 4℃条件下储藏，风味变化较缓慢；在柑橘汁中加少量经过除萜处理的橘皮油，以突出柑橘汁特有的风味。

4.　果蔬汁的色泽变化

果蔬汁色泽的变化比较明显，包括色素物质引起的变色和褐变引起的变色两种变化。

1）色素物质引起的变色

色素物质引起的变色主要由果蔬中的叶绿素、类胡萝卜素、花青素等色素在加工中极不稳定造成。

预防措施：加工、运输、储藏、销售时尽量低温、避光、隔氧、避免与金属接触。叶绿素只有在常温下的弱碱环境中稳定；此外，若用 Cu^{2+} 取代卟啉环中的 Mg^{2+}，使叶绿素变成叶绿素铜钠，也可形成稳定的绿色。

2）褐变引起的变色

褐变引起的变色主要由非酶褐变和酶褐变引起。

预防措施：果蔬汁加工中应尽量降低受热程度，控制 pH 在 3.2 或以下，避免与非不锈钢的器具接触，延缓果蔬汁的非酶褐变。防酶促褐变除采用低温、低 pH 储藏外，还可添加适量的抗坏血酸及苹果酸等抑制酶褐变，减少果蔬汁色泽变化。

5.　其他质量问题

1）农药残留

农药残留是果蔬汁国际贸易中非常重视的问题，是影响我国果蔬汁出口的重要因素之一。

预防措施：强化加工前清洗；关键是实施良好的农业生产规范，加强果园或田园管理，减少或不使用化学农药。

2）果蔬汁掺假

果蔬汁掺假即用低果蔬汁含量的产品添加一些相应的化学成分使其达到规定含量。预防措施：严格质量监督管理。

 任务实施

浓缩葡萄汁的制作

【实施准备】

1. 设备清洗

采用 CIP 果汁生产线，方法见项目一任务二。

2. 材料准备

新疆红葡萄、白砂糖、柠檬酸、色素、香精、果胶酶、硅藻土等。

【实施步骤】

1. 工艺流程（图 2-36）

红葡萄→原料清洗→破碎、除梗、去籽→加热→榨汁→除果肉浆→杀菌和冷却—
→澄清→离心分离→过滤→浓缩→冷却→除酒石酸→糖度调整→杀菌→密封→倒置—
→冷却→灌装→成品

图 2-36　浓缩葡萄汁加工工艺流程

2. 操作要点

（1）原料选择。原料收购时，要注意原料品种，特别是原料的鲜度、成熟度和糖度等。未成熟的葡萄，糖度低，酸度高，单宁多，风味差。葡萄要八成熟左右，成熟度过高在储藏加工过程易出现腐烂。同时由于可溶性碳水化合物的关系，经果胶酶处理后的果汁不呈透明状，故不能使用。另外，雨天裂果、长霉果及发酵变质的原料也不适合加工果汁。

（2）原料清洗。为了洗去附着在原料果实表面和梗部的农药、灰尘等，在水中浸泡一次后，先于 0.3g/L 的高锰酸钾溶液中浸泡消毒 2～3min，取出用水漂洗，再用一定压力的清水冲洗干净。或是先用清水浸泡葡萄，然后送到网状输送机上，选用 0.1% 的多糖脂肪酸酯酸性洗涤液（加 0.05% 的盐酸），温度控制在 30～40℃，使用循环淋洗。再用清水淋洗，最后用一定压力的清水喷洗。

（3）破碎、除梗、去籽。葡萄洗净后，将葡萄串放在回转的合成橡胶辊上压碎，再由带桨叶的回转轴将梗排出，通过滤网分离出葡萄，由泵送去软化。根据葡萄品种、果实大小不同，要考虑轴上的叶片、间隔、过滤筛板孔径、轴的转速，必要时能够调整最好。如果果梗混入，在加热操作时，会溶解出大量单宁，色泽发黑，必须加以注意。破碎后可加入果胶酶，果胶酶可以酶解果胶质、纤维素和半纤维素，从而更大限度地提高出汁率，果胶酶用量为 0.08mL/kg，酶解温度为 55℃，酶解时间为 120min。

（4）加热。为了使红葡萄色素溶出，一般要进行热压榨，这是决定红葡萄汁质量优劣的重要工艺，但不得损害原料葡萄的色、香、味等特性。加热条件要参考加热装置特性、榨汁机结构、原料品种和成熟度、产品用途等慎重确定。必须避免过度加热，否则会促进种子和皮中单宁的溶出。一般用夹层锅加热红葡萄，加热条件在 65～75℃ 比较合适，加热时间适当选择。

（5）榨汁。榨汁是获取原汁的主要方法，也是关键工序。果汁生产要求果汁的出汁率高、榨出的汁液内含的空气和果肉颗粒少、褐变和营养素损伤少，生产效率高。为了实现上述要求，一般采用两次榨汁。将加热软化后的葡萄取出，先用螺旋榨汁机进行第一次压制、取汁，滤渣再用带式榨汁机进行第二次压榨，两次葡萄汁混合。压制葡萄汁要控制好出汁率，出汁率达 65% 以后的果汁质量较差。

（6）除果肉浆。榨好的葡萄汁混入了果肉浆（果肉粗纤维及细肉屑），应先进行酸处理，然后离心分离除去果肉浆，温度越高，分离效果越好。因此在不影响果汁质量的条件下，连续送入的榨汁应保持一定的温度。一般离心分离机都达不到额定分离效率，如果用 6000r/min、定额为 5000L/h 的离心分离机，能达到 3666L/h 的分离效率就比较满意了。

（7）杀菌和冷却。分离果浆以后的葡萄汁仍然是浑浊果蔬汁，且为了杀死果汁中的微生物，以防止在果胶酶处理时及其他工序中的发酵，此时带酶果汁应用平板热交换器或管式消毒灭酶，灭酶条件为 85℃、15s。灭酶后立即冷却到 45℃ 以下。

（8）澄清。生产透明果汁必须进行酶处理。这种情况下，果汁的特性和酶的特性是非常重要的。葡萄的最适 pH 为 3.5~3.8，果胶酶的最适 pH 为 3.5～4.0，基本一致。最适温度为 40～45℃，果胶酶先溶解于杀菌过程的低温果汁中，然后加入杀菌冷却后的果汁中，搅拌混合。在生产过程中，要防止锡、铁、铝、钙等这些酶制剂的有害物质混入。必须根据原料的种类和成熟度，确定酶制剂及其用量。一般果胶酶为 0.01%～0.05%，其他酶制剂为 0.005%～0.025%，处理条件为 40～45℃作用 4～10h。酶处理罐可以自动控制温度和搅拌，在使用前应将处理罐进行杀菌。如果用复合酶制剂进行酶处理，酶处理后的葡萄汁静置，则果胶与果胶酶的产物聚半乳糖等沉降在酶处理罐的底部。把上清液小心吸出，送到过滤器里过滤。沉淀物用离心机分离，分离出的果汁也送入过滤器过滤。

（9）过滤。过滤可以得到透明度良好的果汁。多采用板框过滤机进行过滤，以硅藻土为助滤剂。使用的硅藻土要求不含铁，粒度适宜，一般加入量为果汁量的 0.5%～1%。

（10）浓缩。葡萄汁的浓缩一般采用薄膜下流式或强制循环式的低温真空浓缩法。葡萄汁浓缩时，因为有酒石酸结晶析出，在选用设备时，必须加以注意。要尽可能采用低温短时间浓缩，浓缩温度为 60～70℃，浓缩汁糖度为 40°Bx。浓缩时所蒸发的蒸汽中，含有相当数量的芳香成分。因此对于大型葡萄汁生产厂来说，浓缩时回收芳香物质必不可少。

（11）冷却、除酒石酸。浓缩过的葡萄汁用冷却器冷却到-2℃，促使酒石酸结晶析出。然后在罐中静置过夜，则有相当量的酒石酸沉淀在底层析出。取上层清液过滤，将滤液装入不锈钢罐内，在-7～-5℃冷藏，进行第二次、第三次除酒石酸。

（12）糖度调整。为了使浓缩葡萄汁具有浓郁的葡萄香气，将回收的含芳香物质的液体再加入浓葡萄汁中。浓缩汁芳香物质稀释，一般糖度在 55°Bx 以下，然后用糖液调整糖度为 55°Bx。糖液的糖化在化糖罐中进行，先将净化水加热至 100℃，再加入白砂糖溶解，溶解温度应控制在 90～100℃，待糖完全溶解后过滤备用。调配在调配罐中进行，将浓缩汁、糖液、柠檬酸、色素、香精加入调配罐中，边混合边搅拌。色素使用量为 0.1%，香精浓度为 0.1%。

（13）杀菌、冷却。调整后的浓缩汁一般作原料果汁使用，这种果汁一般采用大包装。把1/5 浓缩的透明葡萄汁（糖度为 55°Bx）用管式消毒器或板式换热器在 93℃杀菌 30s，然后冷却到 85℃，用自动灌装机装入内壁带涂层的铁罐内。铁罐使用前需要用净水器清洗，灌装温度应控制在 60～70℃，以保证杀菌冷却后罐内具有一定的真空度。脱气后加盖密封，倒置 2min，用内表面冷却机冷却到 30℃以下。当然也可先密封，然后及时杀菌，杀菌温度为 95～100℃，杀菌时间为 10～15min。经杀菌后的铁罐要用冷水尽快冷却至 35～40℃，冷却用水无须经氯化处理，冷却水中有效氯浓度为 1～2mg/L。冷却后要将铁罐擦干，避免生锈。

（14）包装。大桶包装上下均要用保护材料包好，用塑料带十字捆扎，这样才能运输。按标准规定的要求，在产品包装时和包装后随机抽样检测产品感官、可溶性固形物、总酸、透光率、色值、微生物指标。各项指标全部符合要求，方可作为成品进入低温库保存，浓缩红葡萄汁在-5～-2℃冷藏。

3．感官评价

制备出来的浓缩葡萄汁感官要求应符合表 2-7。

表 2-7　浓缩葡萄汁感官要求

项目	要求	分值
色泽	呈紫红色	2.5
香气滋味	有葡萄的滋味和香气，无异味、异气	2.5
外观形态	澄清透明，无沉淀和悬浮物	2.5
杂质	无肉眼可见外来杂质	2.5

 任务评价

填写表 2-8 任务评价表。

表 2-8　任务评价表

任务名称				姓名		学号	
评价内容		评价标准	配分	评分			
				自评（占 10%）	组间评（占 30%）	教师评（占 60%）	
1	基本知识	熟悉基本概念，能说出本任务的工艺流程	20				
2	任务领会与计划	理解生产任务目标要求，能查阅相关资料，制定生产方案	10				
3	任务实施	能根据生产方案实施生产操作，在规定的时间内完成任务，生产出产品，听从教师指挥，动手操作正确、有序	30				
4	项目验收	根据产品相关标准对完成的产品进行评价	10				
5	工作评价与反馈	针对任务的完成情况进行合理分析，对存在的问题展开讨论，提出修改意见	10				
6	职业素养	考勤	不迟到、不早退，中途不离开任务实施现场	5			
		安全	严格按操作规范操作设备	5			
		卫生	生产过程卫生良好，设备和场地清理干净，设备归位，工具、用具摆放整齐，地面无污水及其他垃圾	5			
		团结协作	相互配合，服从组长的安排。发言积极主动，认真完成任务	5			
综合评分（自评分×10%＋组间评分×30%＋教师评分×60%）							
评语							

任务思考

（1）试述浓缩葡萄汁加工的一般工艺流程。

（2）浓缩果蔬汁生产的特有工序是什么？可以采用哪些方法实现？

知识拓展

查阅《食品安全国家标准　饮料》（GB 7101—2015）。

项目三　果蔬汁（浆）类饮料的加工

果蔬汁（浆）类饮料是以果蔬汁（浆）、浓缩果蔬汁（浆）、水为原料，添加或不添加其他食品原辅料和（或）食品添加剂，经加工制成的制品。可添加通过物理方法从水果和（或）蔬菜中获得的纤维、囊胞（来源于柑橘属水果）、果粒、蔬菜粒。果蔬汁（浆）类饮料包括果蔬汁饮料、果肉（浆）饮料、复合果蔬汁饮料、果蔬汁饮料浓浆、发酵果蔬汁饮料、水果饮料等类型。

果蔬汁（浆）类饮料加工的前提是制备果蔬汁，在具备果蔬汁的条件下，后续的工艺如下：调配→脱气→均质→杀菌→包装。其中，调配为果蔬汁饮料加工重要的工序，其他工序与果蔬汁加工基本相同，项目二中已有介绍。这里重点介绍果蔬汁（浆）类饮料的调配工序。

1. 原料与调配顺序

果蔬汁（浆）类饮料的原料主要有水、果蔬原料（原汁、浓缩汁、果蔬浆）和食品添加剂。果蔬汁饮料可溶性固形物含量一般为 10%~15%，总酸含量为 0.3%~0.6%，果汁型饮料糖酸比为 20~25，果肉型和果汁清凉型饮料糖酸比为 30 左右。

调配顺序如下：糖的溶解与过滤→加果蔬汁→调整糖酸比→加稳定剂、增稠剂→加色素→加香精→搅拌、均质。

2. 糖浆制备

用热溶法溶解糖，糖浆浓度一般为 50%~60%，在 80℃ 以上保持 30min，应不断搅拌，防止焦化。热溶法有可杀菌、分离（凝固）杂质及速度快等优点。

3. 调糖调酸

根据饮料糖酸比调整饮料中的糖、酸含量。

4. 加其他辅料

按配方加入所需的增稠剂、稳定剂、色素、香精等辅料，增稠剂、稳定剂、色素应先充分溶解并过滤后加入。辅料使用量应符合《食品安全国家标准　食品添加剂使用标准》（GB 2760—2014）的规定。

任务一　红枣汁饮料的加工

**知识目标**

（1）了解红枣的营养及加工价值。

（2）掌握红枣汁饮料的加工工艺流程和基本操作要点。

**技能目标**

（1）能制作红枣汁饮料。

（2）能掌握相关加工设备的运行和故障排除。

**职业素养**

（1）培养食品加工制作过程中的质量和安全意识。

（2）提高主动发现和解决问题的能力。

任务导入

新疆盛产红枣，红枣有润心肺、止咳、补五脏、治虚损、强筋壮骨、补血行气的功效。民间素有"日食仁枣，长生不老""五谷加小枣，胜过灵芝草""每天吃枣，郎中少找"等说法。现代医学研究表明，红枣对贫血、高血压、急慢性肝炎、肝硬化等疾病具有疗效。但由于鲜枣不易保存和运输，因此以红枣作为主要原料，经合理工艺制成果汁饮料，其营养丰富、风味独特、甜度适口、老少皆宜，在市场上很受欢迎。本任务需了解红枣汁饮料加工工艺流程及操作要点，完成红枣汁饮料的加工。

知识准备

一、红枣及其营养价值

红枣为鼠李科、枣属植物的成熟果实，经晾、晒或烘烤干制而成，果皮红至紫红色。红枣又名华枣，原产于我国，至今已有 3000 多年的栽培历史，是我国特有的果树之一，近年来正在成为我国果树中新的发展热点。红枣与李、杏、桃、栗并称为我国的"五果"，是世界第七大干果（图 3-1）。

图 3-1　红枣干果

红枣素有"铁杆庄稼"之称，具有耐旱、耐涝的特性，是发展节水型林果业的首选良种，主要集中在黄河流域附近的冀、鲁、晋、陕等省，占全国总产量的 90% 以上，其中山西、山东、河北最多。红枣是一种既可食用又可入药的果品，含蛋白质、糖、酸和钙、磷、铁等微量元素，尤其富含维生素 C，其他维生素如维生素 A、维生素 B_1、维生素 B_2、烟酸等也很全面，素有"活性维生素"之称。红枣可以防治心血管病和抗癌，还能预防铅中毒。

　　由于鲜枣不易保存，不易运输，因此红枣的加工尤为重要。以优质的红枣作为主要原料，以白砂糖、柠檬酸等作为辅料，经烘烤、浸提、调配、杀菌等合理工艺加工制成了一种新型果汁饮料（图 3-2）。该饮料营养丰富，风味独特，甜度适口，老少皆宜，常食用有明显保健作用。目前我国不少枣区经济还比较落后，利用丰富的红枣资源，因地制宜发展红枣汁饮料的生产，可为枣区人民发展经济开辟一个广阔天地。

图 3-2　红枣鲜果及红枣汁饮料

二、红枣汁饮料加工工艺

1. 工艺流程

　　红枣汁有澄清红枣汁和浑浊红枣汁两种。前者经浸提过滤后，需进行澄清处理，除去悬浮物和胶粒，使果汁变得澄清透明。后者经浸提过滤后，不澄清而进行均质，固形物含量较多，增进了果汁的风味和营养，并改善了果汁的色泽。根据红枣汁的状态不同，红枣汁饮料也分为红枣澄清汁饮料和红枣浑浊汁饮料，其一般生产工艺流程如图 3-3 所示。

图 3-3　红枣汁饮料加工工艺流程

2. 工艺要点

（1）原料选择。选外形完整、果肉丰满、色泽美观、无霉烂、无病虫害的干红枣。剔除病虫害果，霉烂、腐败果和其他杂质。

（2）清洗。用流动水搅拌清洗，沥干水分后备用。必须将附着在果实上的泥土、残留农药及大部分微生物等冲洗干净。

（3）烘烤。烘烤的目的是增强枣汁的香味，并有利于浸提。但烘烤时应注意掌握时间与温度。如果温度低或时间短，就不能较好地增加枣香；如果温度高或时间过长，则红枣汁颜色较黑，并有焦煳味，影响红枣汁饮料的风味。部分饮料厂采用的烘烤工艺为将干净的红枣于 90℃ 左右烘房中烘烤 1h，直到红枣发出特有的焦香味。

（4）浸提。红枣因其果肉含水量低，且存在大量果胶物质而不能直接采用压榨工艺制汁，而是要采用水浸提工艺制汁。常用的浸提方法有热水浸提、酶解浸提、超声波浸提法及多种方法复合使用浸提等。热水浸提是在热力作用下，使果实细胞壁变性，细胞膜失去半透性，枣中可溶性成分被溶解浸出。为了提高出汁率，一般采用连续多次浸提法。浸提水温一般为 70～80℃，加水量为枣肉质量的 8～10 倍，分 2～3 次加入浸提，时间为数小时不等。酶解浸提采用的酶主要是果胶酶，为了提高浸提效果，有时会和纤维素酶、淀粉酶、蛋白酶等复合使用，即复合酶法浸提。超声波浸提法是利用超声波在液体中传播产生的剪切力及大量热而使红枣中的固形物加快溶出，一般与热水浸提或酶解浸提结合使用效果较好。

红枣汁提取率为

$$提取率=\frac{可溶性固形物含量×枣汁质量}{干枣质量}×100\%$$

（5）澄清、过滤。澄清、过滤为制作澄清果汁的特有工序，澄清不好的果汁易产生后浑浊，影响其商品价值。澄清工艺可以通过离心、酶处理、超滤或用聚乙烯吡咯烷酮、硅胶、明胶、单宁、膨润土（皂土）及近些年被广泛应用的壳聚糖、蜂蜜等澄清剂来完成。过去工厂中常用明胶-单宁沉淀法澄清枣汁，具体工艺如下：先将明胶和单宁分别配成 1% 的溶液，然后在带搅拌器的储液桶中先后与粗果汁充分混匀。一般 100L 粗果汁约需 20g 明胶和 10g 单宁。然后将粗果汁放在 8～10℃ 下静置 8～10h，使胶体凝集、沉淀。最后吸取上层澄清液，用板框过滤机或真空过滤器过滤汁液。目前，国内生产红枣清汁比较成熟的生产工艺是采用复合酶处理、添加吸附剂和超滤相结合的方法，通过除去果汁中的微小颗粒物质，来提高红枣浓缩清汁产品的稳定性。

（6）均质。均质为制作浑浊果汁的特有工序。即用高压均质机在 20.0MPa 压力下（均质时间和循环次数随物料不同而不同）使悬浮粒子微细化并均匀地分布在果汁中。

（7）调配。在配料罐内按照饮料配方加入一定量的果汁、甜味剂、酸味剂、稳定剂及香精、色素等辅料，充分搅拌，混合均匀。

（8）脱气。枣汁中含有较多的空气，其极易使枣汁氧化，失去原有的风味、颜色和营养，并使好气性细菌繁殖和果汁在装瓶、高温瞬时杀菌时起泡，因此必须将空气除去。脱气采用真空脱气机进行，先将枣汁预热到50～70℃，再在真空度90.66～93.32kPa下脱气。

（9）杀菌。经真空脱气机脱气后的红枣汁直接送入瞬时杀菌器中，在 105℃下保持15～30s。

（10）灌装、密封、倒置、冷却。杀菌后的红枣汁不断从瞬时杀菌器中流出，即可装瓶、密封，然后将容器倒置 1～2min，并迅速用循环空气或冷水（玻璃瓶要分段冷却）急速冷却到35℃以下。包装容器在装瓶前应预先杀菌。

三、红枣汁饮料质量要求

红枣汁饮料成品应符合《食品安全国家标准　饮料》（GB 7101—2015）和《果蔬汁类及其饮料》（GB/T 31121—2014）等相关标准的要求。

任务实施

红枣汁饮料的制作

【实施准备】

1. 设备清洗

采用 CIP 饮料生产线，方法见项目一任务二。

2. 材料准备

红枣、柠檬酸、果胶酶、白砂糖、蜂蜜、乙基麦芽酚、枣香精等。

【实施步骤】

1. 工艺流程

工艺流程如图 3-3 所示。

2. 操作要点

（1）原料选择。选取外形完整、果肉丰满、色泽美观、无霉烂、无病虫害的成熟红枣。

（2）清洗。在洗果槽中用流动水搅拌清洗或用鼓风式清洗机喷淋清洗。

（3）烘烤。将干净的红枣于 90℃左右烘烤 1h，直到红枣发出特有的焦香味。

（4）浸提、过滤。在夹层锅中放入红枣和 2 倍质量的水，添加 0.03%果胶酶，于 45～

55℃保温浸提 4h 后，用纱布过滤出汁液；再加与第一次等量的水继续浸提 4h，用纱布过滤出汁液，两次汁液合并即为粗果汁。

（5）均质。粗果汁经高压均质机在 20.0MPa 压力下使悬浮粒子微细化并均匀地分布在果汁中。

（6）调配。在不锈钢调配锅中放入 80kg 均质后的果汁，加入 20kg 50%的混合糖液、0.2kg 柠檬酸和 0.01kg 枣香精，充分混合（混合糖液按白砂糖：蜂蜜：乙基麦芽酚＝8：2：0.1 的比例配制）。

（7）脱气。在脱气机中进行，先将枣汁预热到 60～70℃，之后真空脱气。真空度为 90.64～93.31kPa。

（8）杀菌。将经脱气后的枣汁饮料直接送入高温瞬时杀菌器，在 105℃下保持 15～30s。

（9）灌装、密封、冷却。杀菌后的枣汁即可灌装、密封，然后迅速用冷水或冷却器冷却到 30℃以下。包装容器在装瓶前应预先杀菌。

3. 感官评价

加工制作完成的红枣汁饮料感官要求应符合表 3-1。

表 3-1 红枣汁饮料感官要求

指标	要求	分值
色泽	呈棕红色，颜色自然柔和	2.5
滋味	具有该产品所特有的风味，甜度适口，口感细腻，无异味	2.5
气味	清新的红枣果香，柔和无异味	2.5
组织状态	汁液均匀，无分层、沉淀现象，无外来杂质	2.5

 任务评价

填写表 3-2 任务评价表。

表 3-2 任务评价表

任务名称			姓名		学号	
评价内容		评价标准	配分	评分		
				自评（占10%）	组间评（占30%）	教师评（占60%）
1	基本知识	熟悉概念，能说出红枣汁饮料制作的流程	20			
2	任务领会与计划	理解任务目标要求，能制定红枣汁饮料制作方案	10			

续表

评价内容		评价标准	配分	评分		
				自评（占 10%）	组间评（占 30%）	教师评（占 60%）
3	任务实施	能根据方案实施操作，在规定的时间内完成任务，制作出产品，听从教师指挥，动手操作正确、有序	30			
4	项目验收	根据产品相关标准对完成的产品进行评价	10			
5	工作评价与反馈	针对任务的完成情况进行合理分析，对存在的问题展开讨论，提出修改意见	10			
6	职业素养 考勤	不迟到、不早退，中途不离开任务实施现场	5			
	安全	严格按操作规范操作设备，态度认真	5			
	卫生	生产过程卫生良好，设备和场地清理干净，设备归位，工具、用具摆放整齐，地面无污水及其他垃圾	5			
	团结协作	相互配合，服从组长的安排。发言积极主动，认真完成任务	5			
综合评分（自评分×10%＋组间评分×30%＋教师评分×60%）						
评语						

任务思考

为保证红枣汁饮料的质量安全，加工制作中哪些环节是关键控制点？为什么？

知识拓展

折 光 计

一、折光计的工作原理

光线从一种介质进入另一种介质时会产生折射现象，且入射角正弦之比恒为定值，此比值称为折光率。果蔬汁液中可溶性固形物含量与折光率在一定条件下（同一温度、压力）成正比，故通过测定果蔬汁液的折光率可求出果蔬汁液的浓度（含糖量的多少）。通过测定果蔬可溶性固形物含量（含糖量）还可了解果蔬的品质，估计果实的成熟度。测定折光率常采用手持折光计（也称糖镜、手持式糖度计）。

二、手持折光计的使用说明

1. 仪器结构

手持折光计及其结构如图 3-4 所示。

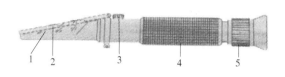

图 3-4 手持折光计及其结构
1. 折光棱镜；2. 盖板；3. 校准螺栓；4. 光学系统管路；5. 目镜调节手轮

2. 使用方法

如图 3-5 所示，打开盖板（2），用软布仔细擦净折光棱镜（1）。取待测溶液数滴，置于折光棱镜上，轻轻合上盖板，避免气泡产生，使溶液遍布折光棱镜表面。将仪器进光板对准光源或明亮处，眼睛通过目镜观察视场，转动目镜调节手轮（5），使视场的蓝白分界线清晰。分界线的刻度值即为溶液的浓度（可溶性固形物含量，%）。

(a) 打开盖板　　　　(b) 在折光棱镜上滴1~2　　　　(c) 盖上盖板，水平对着光源，
　　　　　　　　　　滴待测溶液　　　　　　　　　　　透过目镜读数

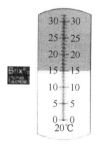

图 3-5 手持折光计的使用方法

3. 校正和温度修正

仪器在测量前需要校正零点。取蒸馏水数滴，放在折光棱镜上，拧动校准螺栓（3），

使分界线调至刻度 0 位置。然后擦净折光棱镜，进行检测。有些型号的仪器校正时需要配置标准液，代替蒸馏水。

4. 注意事项

折光计是精密仪器，在使用和保养中应注意以下事项。

（1）在使用中必须细心、严谨，严格按说明使用，不得任意松动仪器各连接部分，不得跌落碰撞，严禁发生剧烈振动。

（2）使用完毕后，严禁直接放入水中清洗，应用干净软布擦拭，对光学表面，不应碰伤、划伤。

（3）仪器应放于干燥、无腐蚀气体的地方保管。

（4）避免零备件丢失。

任务二　杏果肉饮料的加工

☞ **知识目标**

（1）了解杏果的营养及加工价值。

（2）掌握杏果肉饮料的加工工艺流程和基本操作要点。

☞ **技能目标**

（1）能加工杏果肉饮料。

（2）能熟练操作相关仪器设备。

（3）能进行相关设备的维修与保养。

☞ **职业素养**

（1）培养食品加工制作过程中的质量和安全意识。

（2）提高主动思考及发现和解决问题的能力。

 任务导入

新疆盛产杏，特别是轮台、库车等地的小白杏远近闻名。杏有生津止渴、润肺化痰、清热解毒的效用，营养价值极高，含有丰富的矿物质元素、维生素和氨基酸。杏汁内含有杏果内大部分的营养成分，色、香、味都接近鲜果，而且容易被人体吸收和利用，是一种老少皆宜的高级营养保健饮料、滋补佳品。本任务需了解杏果肉饮料加工工艺流程及操作要点，完成杏果肉饮料的加工。

 知识准备

一、杏及其营养价值

杏属蔷薇科、杏属，为乔木，在我国南北方各地均有栽培种植，有兰州大接杏、沙金红杏、水晶杏、小白杏等十余个品种，按用途分为鲜食、鲜食加工兼用、仁干兼用和仁用 4 种类型。小白杏起源于我国西北地区，是新疆轮台、库车等地区的传统果树（图3-6），也是维吾尔族普遍栽培的果树之一。新疆小白杏果实呈圆形，大小中等，平均单果质量为 19.7g，果皮黄白或淡黄色，光滑无毛、肉质细腻、多汁、味甜、离核，是鲜食加工兼用型优良品种。

小白杏果实营养价值极高，每 100g 小白杏的果肉中含碳水化合物 12.6g、有机酸2.14g、16 种氨基酸 80.3～97.5mg、β-胡萝卜素 2.37mg、维生素 C 18.1mg、维生素B_3 0.6mg、维生素 B_1 0.02mg、维生素 B_2 0.03mg，以及总量为 0.36%～0.85%的钾、钙、磷、铁、镁、锌、硒等矿物质元素。杏果还有生津止渴、润肺化痰、清热解毒的效用。用小白杏浆制成的中浓度小白杏汁饮料，色、香、味都接近鲜果，而且容易被人体吸收和利用，是一种老少皆宜的高级营养保健饮料，也是一种滋阴补肾、美容养颜的滋补佳品。我国新疆轮台、库车等地区小白杏资源十分丰富。由于小白杏成熟快、采收时间短、极易腐烂，目前除少数鲜食外，已有部分加工成杏干、果脯、杏果肉饮料（图 3-7）等。

图 3-6　小白杏

图 3-7　杏果肉饮料

二、杏果肉饮料加工工艺

果肉饮料是以果浆、浓缩果浆、水为原料，添加或不添加果汁、浓缩果汁、其他食品原辅料和（或）食品添加剂，经加工制成的制品。果肉饮料加工的特有工序是预煮与打浆，其他工序与浑浊果蔬汁一样。不同厂家具体工艺略有不同。

1. 工艺流程（图 3-8）

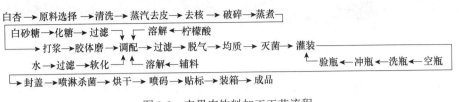

图 3-8　杏果肉饮料加工工艺流程

2. 工艺要点

（1）原料选择。选用成熟良好的果实。如果果实成熟度低，可以放几天进行后熟再用。剔除病虫果、未熟果及腐烂果。

（2）清洗。用清水直接清洗果实，如果果皮污物多，可用洗涤剂清洗后再用清水冲净。当果面农药残留较多时，要先用 1%盐酸溶液进行漂洗，再用清水洗净。

（3）蒸煮。整果在 60～70℃水中蒸煮 15～25min，以煮透软化为度。煮好的果实捞出后立即用冷水冷却至室温。

（4）打浆。热烫后将果实破碎，用网孔直径为 0.5～1.0mm 的打浆机打浆，使浆、核分离。果浆中加入浆重 0.04%～0.08%的维生素 C，以防氧化变褐。

（5）过滤。果浆用 60 目的尼龙网压滤，除去粗纤维及较大的果块。

（6）调配。配制 45%～60%的糖浆，经滤糖器过滤或用 80 目尼龙网过滤。用过滤糖浆把果浆可溶性固形物含量调至 14%～16%，用柠檬酸液调果浆可滴定酸含量至 0.37%～0.40%（以柠檬酸计），使果肉饮料中的原果浆含量在 40%～60%。

（7）脱气、均质。果汁调配好后进行减压脱气，然后用高压均质机进行均质处理。脱气真空度为 90kPa，高压均质压力为 30～60kPa。

（8）杀菌、灌装。经脱气、均质后的果汁加热至 93～96℃，保持 30s。趁热装入杀菌后的热玻璃瓶或 5104、5133 罐中。灌装时果汁温度不应低于 75℃，装满后立即封盖，并放入 100℃沸水中再杀菌 15～20min。取出后分 3 段（78℃、58℃、38℃）冷却至 38℃。

三、杏果肉饮料质量要求

杏果肉饮料成品要求呈橙黄色或深黄色，具有杏饮料应有的风味，无异味，汁液浑浊均匀，久置后允许有少许沉淀。原果浆含量不低于 20%，其他指标应符合《食品安全国家标准　饮料》（GB 7101—2015）和《果蔬汁类及其饮料》（GB/T 31121—2014）等相关标准的要求。

任务实施

杏果肉饮料的制作

【实施准备】

1. 设备清洗

采用 CIP 饮料生产线，方法见项目一任务二。

2. 材料准备

白杏、白砂糖、柠檬酸、苹果酸、柠檬酸钠、高酯果胶、羧甲基纤维素钠等。

【实施步骤】

1. 工艺流程

杏果肉饮料加工工艺流程如图 3-8 所示。

2. 操作要点

（1）原料选择。选择直径 2.5～4cm、平均单果质量 15～25g，色泽黄艳、八九成熟、无霉烂和病虫害的新鲜白杏，同时除去泥沙及其他杂物。

（2）清洗去皮。用 18～30℃清水喷淋清洗原料，再用 170℃、30s 蒸汽烫去果皮。

（3）去核、破碎。将处理好的原料送入破碎机破碎去核处理，最大物料直径小于 0.5cm。

（4）蒸煮。将物料加水按 1∶2.5 的比例置于夹层锅内加热、煮沸 30min，凉时加入部分辅料。

（5）打浆、胶磨。将料液倾入打浆机打浆，然后送入胶体磨，一般料液加工细度为 20～30μm。

（6）调配、均质。料液进入调配罐后，调整糖酸配比，加入辅料后进入均质机。均质二道，一道压力 20MPa，二道压力 25MPa（均质时间和循环次数随物料不同而不同）。调配配方如下：小白杏原汁 40%、糖酸比 27∶1、白砂糖 6%、高酯果胶 0.05%～0.2%、羧甲基纤维素钠 0.01%～0.05%，使可滴定酸含量在 0.37%～0.4%（以柠檬酸计）。

（7）脱气、杀菌。脱气压力一般为 0.04～0.05MPa，脱气后立即以 7s、130℃瞬时杀菌。

（8）灌装、封盖。瞬时杀菌后，在 92℃灌入充分洗净、60℃的玻璃瓶中（容量为 250mL），迅速封上洗净、杀菌后的瓶盖，封盖。

（9）喷淋杀菌、喷码、贴标。封装好的瓶装饮料进入杀菌机，95℃杀菌 30min，然后喷码、贴标、装箱至成品入库。

3. 感官评价

加工制作完成的杏果肉饮料感官要求应符合表 3-3。

表 3-3　杏果肉饮料感官要求

指标	要求	分值
色泽	呈黄色或橙黄色，色泽自然、清新、悦目	2
香气	具有鲜杏果特有的浓郁香气，果香怡人，香气清雅、柔和、协调	2
滋味和气味	具有浓厚的鲜杏果风味，有明显果肉实物感，酸甜适口，香味谐和，回味悠长，无异味	2
组织状态	液态，浑浊均匀，久置允许有少量的果肉沉淀或轻微分层，但摇匀后浑浊均匀，无结块	2
杂质	不允许有肉眼可见的外来杂质	2

 任务评价

填写表 3-4 任务评价表。

表 3-4　任务评价表

任务名称			姓名		学号	
评价内容		评价标准	配分	评分		
				自评 （占 10%）	组间评 （占 30%）	教师评 （占 60%）
1	基本知识	熟悉概念，能说出杏果肉饮料制作的流程	20			
2	任务领会与计划	理解任务目标要求，能制定杏果肉饮料制作方案	10			
3	任务实施	能根据方案实施操作，在规定的时间内完成任务，制作出产品，听从教师指挥，动手操作正确、有序	30			
4	项目验收	根据产品相关标准对完成的产品进行评价	10			
5	工作评价与反馈	针对任务的完成情况进行合理分析，对存在的问题展开讨论，提出修改意见	10			
6	职业素养 考勤	不迟到、不早退，中途不离开任务实施现场	5			
	安全	严格按操作规范操作设备	5			
	卫生	生产过程卫生良好，设备和场地清理干净，设备归位，工具、用具摆放整齐，地面无污水及其他垃圾	5			
	团结协作	相互配合，服从组长的安排。发言积极主动，认真完成任务	5			
综合评分（自评分×10%＋组间评分×30%＋教师评分×60%）						
评语						

任务思考

（1）杏果肉饮料加工的特有工序是什么？

（2）试述杏果肉饮料加工的一般工艺流程。

任务三 黑加仑果粒饮料的加工

 知识目标

（1）了解黑加仑的营养及加工价值。

（2）掌握黑加仑果粒饮料的加工工艺流程和基本操作要点。

 技能目标

（1）能制作黑加仑果汁。

（2）能制作黑加仑果粒。

（3）能完成黑加仑果粒饮料的制作。

 职业素养

（1）培养食品加工制作过程中的质量和安全意识。

（2）提高开发利用地方特色水果的能力。

 任务导入

新疆盛产黑加仑，其营养丰富、食用价值高，在市场上受到人们的欢迎，以其为原料生产的饮料产品具有良好的开发价值。本任务需了解黑加仑果粒饮料加工工艺及操作要点，完成黑加仑果粒饮料的加工。

知识准备

一、黑加仑及其营养价值

黑加仑学名黑穗醋栗，俗称黑豆果，别名黑夏果（图3-9），是我国东北地区和新疆北部广泛种植的一种浆果植物，主要的产区分布在新疆维吾尔自治区和黑龙江省等地。黑加仑是一种逆温带生长的浆果经济林树种，生长期为20～25年，一般栽植后第二年可

图 3-9　黑加仑

以见果，第三年进入盛果期。

黑加仑的营养极为丰富，其色素含量达到 4.53%，维生素 C 含量达到 120～200mg/100g，另外还含有丰富的 B 族维生素和黄酮类物质，营养丰富、风味独特，很受消费者欢迎。黑加仑果实的化学成分详见表 3-5。

表 3-5　黑加仑果实的化学成分

成分	每 100g 含量	成分	每 100g 含量
水分/g	83～87	维生素 C/mg	100～400
蛋白质/g	1.4～1.8	维生素 B_3/mg	20～94
脂肪/g	0.1～2.0	胡萝卜素/mg	2.0～7.5
总糖*/g	4.2～5.0	灰分/g	0.4～0.8
还原糖*/g	3.5～4.1	K/mg	360
总酸**/g	2.4～3.7	Na/mg	260
柠檬酸/g	1.2～1.6	Ca/mg	61
苹果酸/mg	53～240	Mg/mg	25
乌头酸/mg	105～340	Fe/mg	1.4
单宁/g	0.24～0.36	Cu/mg	0.41
果胶/g	1.1～2.8	—	—

*　以葡萄糖计。
**　以苹果酸计。

黑加仑不仅具有良好的营养成分，还具有较强的保健功效。籽、果实、叶子及色素均可利用，是很有发展前景的天然食物资源。籽中的 γ-亚麻酸通过减少前列腺素 E_2 的产生可减轻炎症反应；果实中含有较多的槲皮素及花青苷，分别具有抗氧化、抗肿瘤、调节免疫力和抗病毒的作用；叶子的提取物选择性作用于环氧酶，具有抗炎活性；其色素主要是花青素类，对心血管系统疾病有良好的预防作用。

二、黑加仑果粒饮料加工工艺

1. 工艺流程（图 3-10）

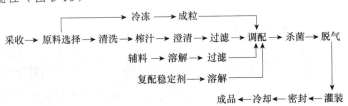

图 3-10　黑加仑果粒饮料加工工艺流程

2. 工艺要点

（1）采收和挑选。适时采收是黑加仑加工的关键，成熟的黑加仑果实含糖量高、营养物质丰富，芳香气味浓郁、醇厚；成熟度过低和过高都会影响加工饮料的品质。挑选出不成熟、霉烂、病虫害的果实，剔除根和叶等。

（2）清洗。黑加仑果实很鲜嫩，为了不损伤果肉，防止营养过分流失，清洗时一般采取较低的水压，缓慢、轻轻地喷淋黑加仑果。

（3）榨汁。可选用螺旋式连续榨汁机或布袋榨汁机对酶解后的果浆进行榨汁。

（4）澄清。生产澄清果蔬汁时，可采用自然沉降法澄清，一般需要数小时（6～8h）或数天才能达到要求；采用加入澄清剂进行澄清可缩短澄清时间，一般可用明胶-硅胶或明胶-单宁澄清剂，如可先加入 0.003% 的明胶，然后加入 0.25% Kieselsol（30%的二氧化硅悬浮液），45℃下澄清 3h 即可。

（5）过滤。经澄清处理的黑加仑果汁，可采用过滤或离心的方法进一步去除果汁中的浑浊物和能够导致果汁产生浑浊聚合物的小颗粒；为达到良好的除浊效果，可采用超滤设备进行过滤。

（6）成粒。黑加仑果粒既要稳定地存在于果汁饮料中，又要软硬适中，具有良好的口感和咀嚼性。柑橘类的果粒是经机械搅拌、高压水冲喷或高速离心制得的，这是由于柑橘类的囊胞易于分离，但是黑加仑果属于浆果类，含水量较高，不能采用制作果粒橙的方法来制作黑加仑果粒。可采用卧式压出造粒机（图 3-11），把冷冻在-18℃的黑加仑从进料口加入，从出料口挤出的果粒保持在 0℃以下，才能具有良好的形状。

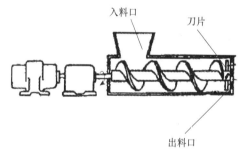

图 3-11　卧式压出造粒机

　　为防止温度升高而变形，要在果粒外面形成一个不渗透的膜，以保持果粒形状完整，即对果粒进行包埋和硬化。包埋就是利用高分子包埋剂所形成的密闭性薄膜将黑加仑果肉包裹住，以提高黑加仑果肉的加工稳定性，把黑加仑果肉加工成完整、晶莹的果粒，从而有效地保持黑加仑果粒的爽口性。在对黑加仑果肉包埋后还要进行硬化处理。硬化处理就是利用 Ca^{2+} 与包埋剂形成通透性小、机械强度大的凝胶，以保持黑加仑果粒的色泽、水分、良好外形和脆性。

（7）调配。黑加仑果粒饮料是在黑加仑果汁中加入黑加仑果粒，以糖液、酸味剂等调制而成的产品。黑加仑原汁含量为10%时，产品就具有浓厚的黑加仑香气，并且成本较低。但要获得最佳滋味，还要用甜味剂、酸味剂进行调配，配方中糖8%、蜂蜜4%、柠檬酸0.09%的果粒饮料爽口，糖酸比协调。

（8）复配稳定剂。黑加仑果粒饮料的实质是将果粒与果汁相混合，使果粒能均匀稳定地悬浮在果汁中，这样才能赋予产品强烈的外观吸引力，否则就失去了特色。理论上，要使果粒悬浮就要使果粒与果汁相对密度相同，或者果汁黏度非常大。但果粒的相对密度与果汁的相对密度很难相同。实践证明，调节果汁的黏度是解决果粒悬浮的关键措施，而增加果汁黏度的主要方法是在果汁中添加增稠剂。目前可用于增稠悬浮作用的有羧甲基纤维素钠、琼脂、果胶、黄原胶、海藻酸钠、明胶等。

（9）杀菌。黑加仑果粒饮料的 pH 比较低，属酸性食品，其中的微生物主要是霉菌、酵母和少量不产芽孢杆菌，大部分细菌很难存活。宜采用高温短时杀菌工艺（98℃、30s），以减少果汁的受热程度，杀菌后的果汁宜采用无菌灌装形式进行灌装。

三、黑加仑果粒饮料质量要求

黑加仑果粒饮料成品应符合《食品安全国家标准　饮料》（GB 7101—2015）和《果蔬汁类及其饮料》（GB/T 31121—2014）等相关标准的要求。

 任务实施

黑加仑果粒饮料的制作

【实施准备】

1. 设备清洗

采用 CIP 饮料生产线，方法见项目一任务二。

2. 材料准备

黑加仑、糖、柠檬酸、$CaCl_2$ 溶液、蜂蜜、琼脂、30%的二氧化硅悬浮液。

【实施步骤】

1. 工艺流程

工艺流程见图 3-10。

2. 操作要点

（1）原料选择。挑选新鲜、充分成熟、果香浓郁的黑加仑，剔除根和叶等。

（2）清洗。采取较低的水压，缓慢、轻轻地喷淋黑加仑果。

（3）榨汁。可选用螺旋式连续榨汁机或打浆机或磨碎机将洗净的黑加仑果实打浆破碎。

（4）澄清。可采用自然沉降法澄清，一般需要数小时（6～8h）或数天；也可通过加入澄清剂进行澄清，如可先加入 0.003%的明胶，然后加入 30%的二氧化硅悬浮液，45℃下澄清 3h 即可。

（5）过滤。将榨好的黑加仑果汁在离心机进行粗滤，使果汁和浑浊物质分离。粗滤后采用双联微孔膜过滤器对果汁进行过滤后静置 1h。

（6）成粒。采用卧式压出造粒机制粒，调节孔径大小，制作粒径为 2～3mm 的黑加仑果粒。喷淋 0.5%柠檬酸护色，用 0.02g/mL 的 $CaCl_2$ 溶液浸泡果粒进行固化。

（7）调配。黑加仑原汁 10%、糖 8%、蜂蜜 4%、柠檬酸 0.09%、果粒 4%，琼脂 0.1% 和 PGA 0.20%作为增稠稳定剂。

（8）脱气。真空脱气法，温度 45℃，真空度 0.088MPa。

（9）杀菌。98℃、30s 高温短时杀菌。

（10）灌装、密封、冷却：趁热装罐并密封。玻璃瓶预先清洗消毒备用，密封后倒罐 1min，迅速分段冷却。

3. 感官评价

加工制作完成的黑加仑果粒饮料感官要求应符合表 3-6。

表 3-6　黑加仑果粒饮料感官要求

指标	要求	分值
色泽	清亮的深紫红宝石色	2.5
滋味	酸甜适口，口感清爽细腻	2.5
气味	清新的黑加仑果香，柔和无异味	2.5
组织状态	清澈透明，流动性好，果粒完整分散均匀，无外来杂质	2.5

 任务评价

填写表 3-7 任务评价表。

表 3-7　任务评价表

任务名称			姓名		学号	
评价内容		评价标准	配分	评分		
				自评（占 10%）	组间评（占 30%）	教师评（占 60%）
1	基本知识	熟悉概念，能说出黑加仑果粒饮料制作的流程	20			
2	任务领会与计划	理解任务目标要求，能制定黑加仑果粒饮料制作方案	10			

续表

	评价内容	评价标准	配分	评分		
				自评 （占10%）	组间评 （占30%）	教师评 （占60%）
3	任务实施	能根据方案实施操作，在规定的时间内完成任务，制作出产品，听从教师指挥，动手操作正确、有序	30			
4	项目验收	根据产品相关标准对完成的产品进行评价	10			
5	工作评价与反馈	针对任务的完成情况进行合理分析，对存在的问题展开讨论，提出修改意见	10			
6	职业素养 考勤	不迟到、不早退、中途不离开任务实施现场	5			
	安全	严格按操作规范操作设备	5			
	卫生	生产过程卫生良好，设备和场地清理干净，设备归位，工具、用具摆放整齐，地面无污水及其他垃圾	5			
	团结协作	相互配合，服从组长的安排。发言积极主动，认真完成任务	5			
综合评分（自评分×10%＋组间评分×30%＋教师评分×60%）						
评语						

 任务思考

为保证黑加仑果粒饮料的质量安全，加工制作中哪些环节是关键控制点？为什么？

任务四　红树莓山楂复合果汁饮料的加工

☞ 知识目标

（1）了解红树莓的营养及加工价值。

（2）掌握红树莓山楂复合果汁饮料的加工工艺流程和基本操作要点。

☞ 技能目标

（1）能制作红树莓果汁。

（2）能制作山楂果汁。

（3）能完成红树莓山楂复合果汁饮料的制作。

☞ 职业素养

（1）培养食品加工制作过程中的质量和安全意识。

（2）提高开发利用地方特色水果的能力。

任务导入

　　我国是世界上树莓栽植的主要国家之一，拥有丰富的树莓资源。树莓果实营养丰富，以其为原料生产的饮料产品具有良好的开发价值。本任务需了解红树莓山楂复合果汁饮料的加工工艺及操作要点，完成红树莓山楂复合果汁饮料的加工。

知识准备

一、红树莓及其营养价值

　　红树莓（图 3-12）属蔷薇科悬钩子属多年生落叶灌木，树高 1～2m，抗旱、耐瘠薄能力较强，可以在−25℃的高寒条件下越冬，适合在高海拔地区推广种植。

　　红树莓别名托盘、红马林，浆果圆球形、深红色，果实具有独特香味和天然色素，糖含量与苹果、梨、柑橘三大水果相似，氨基酸含量高于苹果、葡萄，富含维生素 E 和硒，维生素 E 含量居各类水果之首。其抗衰老物质超氧化物歧化酶及抗癌物质鞣花酸含量高于现有的任何栽培及野生水果。鲜果干爽多汁，风味爽口，甜香味浓，品质好。果实除鲜食外，尚可深加工成饮品、果汁、果酒、果浆、果脯及果冻等，得到了国内外果树界的高度重视。

图 3-12　红树莓

　　红树莓根、茎、叶都有药用功效，在医药、化妆及保健等方面有着广泛用途。树莓性温，味酸甘，入肝肾二经，有止咳、祛痰、解毒、美颜等功能，有助于治疗痛风、丹毒等症，还具有止咳、化痰、润肺、活血、益肝、明目、补肾的作用。天然超氧化物歧化酶和维生素 E 是人体极好的"清道夫"，能够清除人体产生的大量有害代谢物质，提高人体免疫力，从根本上改善人体的内环境，达到美容、养颜、延年益寿的目的。长期食用树莓，能有效保护心脏，延缓高血压、动脉粥样硬化、中风等疾病的发生。

二、山楂及其营养价值

　　山楂为蔷薇科苹果亚科山楂属植物，广泛分布于亚洲、欧洲、中北美洲及南美洲北部，是一种重要的植物资源，也是起源于我国的特种果树。山楂别名红果、山里红、山梨等，果实含有丰富的营养物质。相关研究表明，山楂鲜果中的碳水化合物主要由果糖和葡萄糖组成，其含量为 1.57%～4.28%；山楂果实含水量均值为 75.5%，含有少量的膳食纤维，含量为 5.79～8.07g/100g；富含维生素 C，含量为 72.3～97.7mg/100g；β-胡萝卜素含量范围为 100～208μg/100g；山楂鲜果含有多种矿物质，其中钾含量最高，为232.25～313.30mg/100g，其次是钙和磷，含量分别为 20.29～37.45mg/100g、11～25mg/100g；山楂果实中富含多种酚酸及多酚类功效成分。

山楂在我国有悠久的食用和药用历史。《本草纲目》记载"山楂性微温，味酸甘""长于化饮食、健脾胃、行结气、消淤血"。现代医学表明，山楂中的类黄酮和萜类等物质能软化血管、降低血清胆固醇、利尿和镇静，对冠心病和高血压有一定的疗效。

三、红树莓山楂复合果汁饮料加工工艺

1. 工艺流程

（1）红树莓果汁工艺流程如图 3-13 所示。

红树莓 → 除杂 → 浸提 → 酶解 → 榨汁 → 过滤 → 离心 → 果汁 → 储罐

图 3-13　红树莓果汁工艺流程

（2）山楂果汁工艺流程如图 3-14 所示。

山楂 → 清洗 → 去柄萼 → 破碎 → 软化 → 榨汁 → 过滤 → 离心 → 果汁 → 储罐

图 3-14　山楂果汁工艺流程

（3）红树莓山楂复合果汁工艺流程如图 3-15 所示。

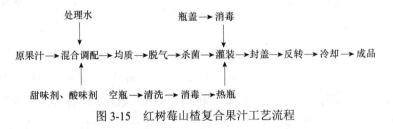

图 3-15　红树莓山楂复合果汁工艺流程

2. 工艺要点

1）红树莓果汁的制备

选用无机械损伤、无腐烂的红树莓为原料，用自来水清洗两遍。将洗好的红树莓烫漂后放入打浆机破碎 3～4s，破碎后增大红树莓与果胶酶的接触面积，利于之后果胶酶对红树莓的酶解；可在果胶酶添加量 0.07%、温度 45℃、时间 3.5h 条件下进行酶解处理，以加速红树莓中果胶的分解，利于取汁。酶解后加入 2 倍红树莓质量的水混合榨汁，再经 4 层滤布过滤去籽、去果渣，得红树莓果汁备用。

红树莓是一种富含多酚类物质和花色苷色素的小浆果，在制备红树莓果汁的时候，多酚氧化酶的存在会造成酚类物质聚合和花色苷类色素的降解，形成深色的醌类物质，引起果汁褐变，因此在不严重影响出汁率及保证最大花色苷类物质和多酚物质提取量的前提下，在榨汁前要进行烫漂处理，进而保留红树莓最大的生物活性。烫漂处理还能使果汁内源的多酚氧化酶失活，防止酶促反应的发生和红树莓品质的下降。有研究表明，在储藏过程中经烫漂处理的果汁，其色泽的下降明显低于未经烫漂处理的果汁。另有研究表明，添加一些物质（维生素 C、半胱氨酸）进行烫漂处理，能很好地抑制果汁发生褐变。

2）山楂汁的制备

精选新鲜、成熟度好的山楂为原料。用清水洗去表面污物，去籽。按用料：水为 1：3 进行打浆，用 120 目滤网过滤，得到山楂原汁，加热杀菌并钝化酶活。

有研究结果显示，冻融软化处理可显著改善山楂果实中黄酮类化合物的酶法浸提效果，有利于提高山楂果汁中黄酮类化合物的含量，是生产高总黄酮含量的功能性山楂汁产品的较好方法。然而，由于冻融处理是一种非热处理方法，不具备热烫处理的灭酶功能，因此可能会造成酶促褐变的加剧，甚至还会造成风味的变化，有待于进一步的研究。

3）复合果汁的制备

浑浊果蔬汁在储藏过程中最主要的问题就是体系的稳定性，合适的稳定剂和添加量对于果汁的稳定性有很大影响，目前国内果汁饮料生产中使用最广泛的食品胶是耐酸性羧甲基纤维素钠。羧甲基纤维素钠是一种在酸性体系中具备悬浮、持水能力的胶体，成本较低，与其他食品胶复配可形成网络结构，在较低表观黏度下起悬浮稳定的作用，能有效防止沉淀分层。

四、红树莓山楂复合果汁饮料质量要求

生产的产品应符合《食品安全国家标准　饮料》（GB 7101—2015）和《果蔬汁类及其饮料》（GB/T 31121—2014）等相关标准的要求。

 任务实施

红树莓山楂复合果汁饮料的制作

【实施准备】

1. 设备清洗

采用 CIP 饮料生产线，方法见项目一任务二。

2. 材料准备

红树莓、山楂、白砂糖、柠檬酸、苹果酸。

【实施步骤】

1. 工艺流程

（1）红树莓果汁工艺流程如图 3-13 所示。

（2）山楂果汁工艺流程如图 3-14 所示。

（3）红树莓山楂复合果汁工艺流程如图 3-15 所示。

2. 操作要点

1）红树莓果汁生产操作要点

（1）原料选择。选择成熟度较高的红树莓，去除花托、病虫果、霉烂果及叶子等杂物。

（2）浸提。加糖 10%，搅拌溶解，加热至 65～75℃，保持 20min。

（3）酶解。加入纤维素分解酶，用量为 0.05%，温度为 45℃，酶促反应罐反应 2～3h。

（4）榨汁。采用包裹式榨汁机榨汁，第一次榨汁后的残渣加适量水再榨一次，两次汁合并入储备罐备用。

（5）过滤。鲜果汁粗滤，滤布孔径为 100～120 目。

（6）离心。用离心分离机进一步分离出果肉浆渣，果汁入储罐备用。

2）山楂果汁生产操作要点

（1）原料选择。选择成熟度一致、色泽红色的新鲜山楂，去除杂质、病虫果和霉烂果。

（2）清洗。用流动水清洗，必要时加清洗剂，最后根据水选原理获得成熟且质量一致的果实。

（3）去柄萼、破碎。果实去除柄萼，冲净杂物后破碎为两瓣即可，以提高出汁率。

（4）软化。按山楂果重加 1 倍水，加热至 85～95℃，保持 2～3h。

（5）榨汁。用包裹式榨汁机进行，果渣加相当于山楂原重的水加热至 80℃以上浸提 30min 再榨一次，得二次汁，如此制得三次汁，将汁合并。

（6）过滤。采用纱网过滤机，滤布孔径为 120 目。

（7）离心。用离心分离机分离出果肉浆和果汁，入储罐备用。

3）红树莓山楂复合果汁生产操作要点

（1）混合调配。将果汁按配方要求由储罐泵入调配罐，搅拌混合。参考配比为红树莓原汁 15%、山楂原汁 10%、砂糖 12%，柠檬酸、苹果酸适量。酸味剂用少量水溶解后，过滤加入；砂糖配成 50%溶液，热溶过滤后加入，最后加入处理水至需要量，配制成最终产品。

（2）均质。温度 40℃以上，压力 15～20MPa。

（3）脱气。用真空脱气法，温度 45℃，压力 0.088MPa。

（4）杀菌。用板式换热器，介质为蒸汽或热水，迅速加热至 90～95℃，保持 1min。

（5）罐装。杀菌后的果汁通过板式换热器冷却至 80℃以上，装入已消毒预热的瓶中。

封盖后倒置 10min。

（6）冷却：采用分段冷却法迅速冷却至室温。

3．感官评价

加工制作完成的红树莓山楂复合果汁饮料感官要求应符合表 3-8。

表 3-8　红树莓山楂复合果汁饮料感官要求

指标	要求	分值
色泽	红色或淡黄色	2.5
滋味	口感醇厚，酸甜适口，无异味	2.5
气味	具有红树莓果实特有的糊香气息，略有山楂酸及香气	2.5
组织状态	均匀一致的乳状液，无悬浮及分层现象，允许有少量果肉沉淀	2.5

 任务评价

填写表 3-9 任务评价表。

表 3-9　任务评价表

任务名称				姓名		学号	
评价内容		评价标准	配分	评分			
				自评（占 10%）	组间评（占 30%）	教师评（占 60%）	
1	基本知识	熟悉概念，能说出红树莓山楂复合果汁饮料制作的流程	20				
2	任务领会与计划	理解任务目标要求，能制定红树莓山楂复合果汁饮料制作方案	10				
3	任务实施	能根据方案实施操作，在规定的时间内完成任务，制作出产品，听从教师指挥，动手操作正确、有序	30				
4	项目验收	根据产品相关标准对完成的产品进行评价	10				
5	工作评价与反馈	针对任务的完成情况进行合理分析，对存在的问题展开讨论，提出修改意见	10				
6	职业素养	考勤	不迟到、不早退，中途不离开任务实施现场	5			
		安全	严格按操作规范操作设备	5			
		卫生	生产过程卫生良好，设备和场地清理干净，设备归位，工具、用具摆放整齐，地面无污水及其他垃圾	5			
		团结协作	相互配合，服从组长的安排。发言积极主动，认真完成本任务	5			
综合评分（自评分×10%＋组间评分×30%＋教师评分×60%）							
评语							

任务思考

如果生产的红树莓山楂复合果汁出现悬浮及分层现象，可采用哪些方法予以解决？

任务五　苹果醋饮料的加工

☞ **知识目标**

（1）了解苹果醋饮料的加工工艺流程。
（2）了解苹果醋饮料的质量要求。

☞ **技能目标**

（1）能正确使用发酵设备。
（2）能进行苹果醋饮料的加工。

☞ **职业素养**

培养饮料生产中的质量和安全意识。

任务导入

　　随着物质生活的提高，苹果醋饮料成为人们餐桌上的高频"座上客"。苹果醋饮料富含果胶、维生素、有机酸，是一种口感呈酸性，在人体内代谢后呈碱性的饮料，能调节机体免疫力。苹果醋饮料是怎样做成的呢？本任务就来了解苹果醋饮料的加工工艺及操作要点，完成苹果醋饮料的加工。

知识准备

一、苹果、苹果醋饮料及其营养价值

　　苹果为蔷薇科、苹果属植物果实。苹果酸甜可口，营养丰富，是世界上食用量较多的水果之一。每100g鲜苹果中含糖类10～15g、有机酸0.2～1.6g、蛋白质0.2～0.4g、脂肪0.2～0.3g、粗纤维0.1～0.3g、钾110mg、钙0.11mg、磷11mg、铁0.3mg、锌0.1mg、β-胡萝卜素0.08mg、维生素B_1 0.01mg、维生素B_2 0.01mg、维生素B_3 0.1mg、维生素C 5mg，还含有果胶、苹果多酚、类黄酮等营养活性物质。中医认为，苹果有生津、润肺、除烦解暑、开胃醒酒、止泻等功效。《滇南本草》中阐述苹果能"治脾虚火盛，补中益气"。

《随息居饮食谱》中说苹果能"润肺、悦心、生津开胃"。这是因为苹果中含有鞣质和多种果酸，可帮助食物消化，并有促进胃收敛、加速食物营养吸收的功能。苹果中含丰富的无机盐，其中钾盐、镁盐对心血管具有保护作用。苹果现在已成为世界公认的"健康水果"，民间有"一日一苹果，医生远离我"的说法。

《本草纲目》中称"醋可消肿，散水气，杀邪毒，理诸药"。苹果醋是以苹果、苹果边角料或浓缩苹果汁（浆）为原料，经乙醇发酵、乙酸发酵制成的液体产品。研究发现，苹果酿成醋以后，保留了苹果大部分营养成分，含有十多种有机酸及多种人体必需的氨基酸、维生素、无机盐、微量元素等，具有解酒、减肥、降血压、美容等功效。在 20世纪 80 年代，美国、英国、加拿大就已有广泛食用苹果醋的习惯。

进入 21 世纪，果醋和果醋饮料在我国已逐渐盛行，市场前景引人注目。苹果醋饮料是以苹果醋为基础原料，加入食糖和（或）甜味剂、苹果汁等，经调制而成的饮料。该饮料不仅具有苹果汁的清香和营养，而且具有食醋和蜂蜜的保健功能，如有预防感冒、消除疲劳、醒酒、调节血压和延缓动脉硬化、养肝、增进食欲、美容、减肥等功效。

二、苹果醋饮料加工工艺

1. 工艺流程

苹果醋饮料加工需要通过发酵制备饮料用苹果醋，制备饮料用苹果醋的原料可以是新鲜苹果榨汁，也可以用浓缩苹果汁经过成分调整后发酵。以新鲜苹果榨汁发酵生产苹果醋饮料为例，其一般的工艺流程如图 3-16 所示。

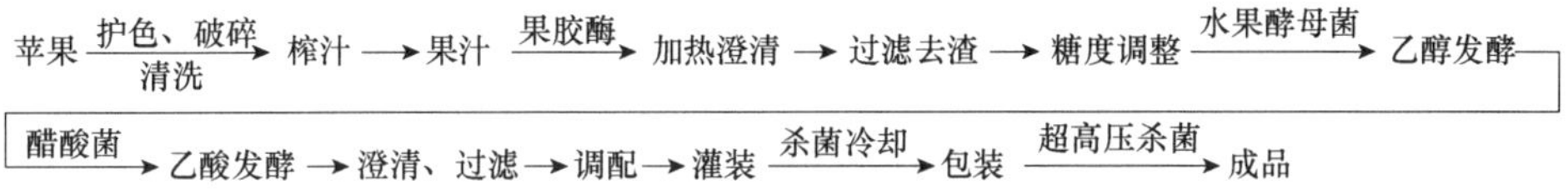

苹果 —护色、破碎清洗→ 榨汁 → 果汁 —果胶酶→ 加热澄清 → 过滤去渣 → 糖度调整 —水果酵母菌→ 乙醇发酵 —醋酸菌→ 乙酸发酵 → 澄清、过滤 → 调配 → 灌装 → 杀菌冷却 → 包装 —超高压杀菌→ 成品

图 3-16　苹果醋饮料加工工艺流程

2. 工艺要点

1）原料苹果预处理

（1）原料选择、清洗：挑选新鲜的苹果，要求无腐烂、无树叶等杂物；40℃以下，用流动水漂洗去除泥土等后，用稀盐酸泡 3～5min，再用高锰酸钾溶液清洗。要求必须将附着在原料果实上的泥土、微生物和农药洗净。通过清洗后，苹果原料携带的微生物必须降低到原来的 5.0%以下。

（2）护色、破碎、榨汁：将洗净的苹果先放入 1%的食盐水中浸泡护色，然后放入破碎机破碎成 5mm 左右的碎块，浸泡在 0.1%的维生素 C 溶液中 5min。要求破碎时尽量避免物料与空气接触，防止果肉氧化变成褐色。冲洗后榨汁。为了提高苹果的出汁率，可加入适量的果胶酶。同时，为了防止苹果汁中的有机质在氧化酶的催化下氧化变色，可加入适量的维生素 C。此外，果汁中的单宁易和金属反应，所以与果汁接触的器具不能用铁制品。

（3）酶解处理：刚榨出的果汁很浑浊，应加入 0.02%果胶酶，放置 1～2h，以分解果胶质为可溶性成分，同时有利于提色，再进行 60℃、30min 灭酶杀菌处理。酶解后的苹果汁总糖一般在 10%左右，澄清度可达到 90%。为防止苹果汁产生新的杂菌污染，可添加 80～100mg/L 焦亚硫酸钾。

2）糖度调整

糖度对发酵的影响较大。糖度过高，发酵液中的底物浓度过大，一方面增大了发酵液的渗透压，另一方面有可能引起酵母菌生长过盛、发酵液黏稠、传质状况差，酵母菌容易老化自溶，从而影响正常发酵；糖度过低，酵母缺乏营养，发酵难以达到预期的酒精度。因此，合理调整发酵初始糖度，对乙醇发酵十分重要。一般控制果汁含糖量在 10%左右，具体数值需根据实验确定。若果汁含糖量低，可补加白砂糖调整。

3）菌种活化

（1）酵母菌的活化：酵母菌的活化有两种情况，一是活化后直接使用，方法是将121℃杀菌30min 的无菌自来水 50mL 冷却至37～38℃，加入活性酿酒酵母 1g 轻轻摇匀，并每隔 10min 摇瓶一次，30min 后备用；二是活化后经扩大培养后使用，方法是将活化后酵母菌以果汁为培养基，经过接种、培养、扩大而成。在扩大培养过程中，要求防止污染，同时培养扩大级数不要超过三级。

（2）醋酸菌的活化：将保藏的醋酸菌菌种经无菌操作接入盛有醋酸菌活化培养基100mL /300mL 的摇瓶中，30℃、摇瓶转速 150r/min 条件下培养24h 左右备用。

4）乙醇发酵

果汁乙醇发酵是指酵母菌以果汁为原料，在厌氧条件下经酵母菌酶系作用，将果汁中的可发酵成分糖化，以乙醇和二氧化碳为主要产物排出菌体的过程。

果汁乙醇发酵可分为发酵初期、主发酵期、发酵后期 3 个阶段。发酵初期，主要完成酵母菌的生长繁殖，实现菌体数量的增加。酵母菌繁殖在有氧的条件下进行，因此要注意发酵时的装液量。酵母菌利用果汁中的溶氧完成个体繁殖后，消耗了果汁中的溶解氧，发酵进入主发酵阶段，即产乙醇阶段。随着果汁中糖分的消耗，乙醇量增加。一方面，基质糖分减少，营养缺乏；另一方面，乙醇增加，对酵母菌产生抑制，发酵进入后期，酵母菌老化，容易出现自溶，应注意发酵的参数控制，如适当降低温度等。此外，在乙醇发酵时要注意 pH 的调节及发酵时间的控制，一般发酵 7～8d 即可。

5）乙酸发酵

乙醇发酵结束后，进入乙酸发酵阶段，该阶段要注意发酵温度和通风量的控制，尤其是通风量。乙酸发酵前期，醋酸菌数目少，生长慢，需氧量少；发酵中期，醋酸菌代谢旺盛，呼吸作用强，需氧量大，因此要控制通风量；发酵后期，主要是醋酸菌将乙醇在酶的作用下氧化成乙酸，终点判定以测定发酵液中酸度不再上升为宜。此外，乙酸发酵过程要注意调整初始酒精度和接种量，具体数值需通过实验确定。

6）澄清、过滤

苹果醋中含有大量的多酚类化合物，发酵结束经陈酿后，长时间放置会发生聚合反应，析出大量深褐色沉淀，影响产品质量。所以，必须进行澄清处理，如可采用明胶-单宁澄清法处理，经硅藻土过滤后得到澄清的苹果醋。

7）调配

按确定的苹果醋饮料配方，称取苹果原醋、苹果汁、白砂糖、蜂蜜等，采用热软水化糖后加入各种原料，然后定容至刻度。

8）灌装、杀菌

将调配好的苹果醋饮料在高温杀菌后，保温30s。然后趁热进行装罐、排气、封口等操作。

三、苹果醋饮料质量要求

苹果醋饮料应符合《苹果醋饮料》（GB/T 30884—2014）等相关标准的要求。

 任务实施

苹果醋饮料的制作

【实施准备】

1. 设备清洗

采用CIP饮料生产线，方法见项目一任务二。

2. 材料准备

苹果适量、蔗糖、酵母菌、醋酸菌、蜂蜜等。

【实施步骤】

1. 工艺流程

工艺流程如图3-16所示。

2. 操作要点

（1）榨汁。洗净的果实送入破碎机破碎后，压榨取汁，用80目滤布过滤，榨出的苹果汁立即加热至 95℃，维持 30s 左右进行热灭酶和杀菌。

（2）乙醇发酵。将苹果汁的糖度调到 13%，调节 pH 至 4.0，在 65℃杀菌 30min，冷却到 39～42℃，接入 1‰活化的酵母菌，于 30℃在密闭容器中发酵。当乙醇含量达到 7.5%，残糖控制在 0.5%～0.8%时，就转入乙酸发酵。

（3）乙酸发酵。将乙醇发酵液植入 10%活化的醋酸菌，在 30℃通风发酵 7～8d，以乙酸含量不再上升为准。控制发酵液中总酸不小于 4g/100mL，残糖小于 0.3%，乙醇含量小于 0.15%。

（4）调配。通过实验确定，每配制 1L 苹果醋饮料，添加苹果醋 250mL、苹果汁 50mL、蜂蜜 3%、蔗糖 7%，其余加水补充。各种配料充分混匀。

（5）杀菌。灌装后 80℃加热杀菌 15～20min，冷却后即为苹果醋饮料。

3. 感官评价

加工完成的苹果醋饮料感官要求应符合表 3-10。

表 3-10　苹果醋饮料感官要求

项目	要求	分值
色泽	清亮，淡黄色	2.5
香气	具有苹果香味和酿造食醋特有香味，无不良气味	2.5
滋味	口感清爽，酸味柔和，无异味	2.5
形态	澄清，无悬浮物、沉淀物和浑浊现象	2.5

 任务评价

填写表 3-11 任务评价表。

表 3-11　任务评价表

任务名称			姓名		学号	
评价内容		评价标准	配分	评分		
				自评（占 10%）	组间评（占 30%）	教师评（占 60%）
1	基本知识	熟悉基本概念，能说出本次任务的工艺流程	20			
2	任务领会与计划	理解生产任务目标要求，能查阅相关资料，制定生产方案	10			
3	任务实施	能根据生产方案实施生产操作，在规定的时间内完成任务，生产出产品，听从教师指挥，动手操作正确、有序	30			
4	项目验收	根据产品相关标准对完成的产品进行评价	10			
5	工作评价与反馈	针对任务的完成情况进行合理分析，对存在的问题展开讨论，提出修改意见	10			

续表

评价内容		评价标准	配分	评分		
				自评（占10%）	组间评（占30%）	教师评（占60%）
6 职业素养	考勤	不迟到、不早退，中途不离开任务实施现场	5			
	安全	严格按操作规范操作设备	5			
	卫生	生产过程卫生良好，设备和场地清理干净，设备归位，工具、用具摆放整齐，地面无污水及其他垃圾	5			
	团结协作	相互配合，服从组长的安排。发言积极主动，认真完成任务	5			
综合评分（自评分×10%＋组间评分×30%＋教师评分×60%）						
评语						

任务思考

（1）试述苹果醋饮料加工的一般工艺流程。

（2）饮料用苹果醋的营养价值有哪些？

知识拓展

果酒、果醋制作原理

果酒是以各种果汁为原料，通过微生物发酵而制成的乙醇饮料，主要包括葡萄酒、苹果酒、梨酒等。

果醋是以水果（包括苹果、山楂、葡萄、柿了、梨、杏、柑橘、猕猴桃、西瓜等）或果品加工下脚料为主要原料，利用微生物的发酵作用酿制而成的一种营养丰富、风味优良的酸味调味品。它兼有水果和食醋的营养保健功能，是集营养、保健、食疗等功能为一体的新型饮品。

人们利用微生物发酵制作酒、醋的历史源远流长。远古人类发现，吃剩的米粥数日后变成了醇香可口的饮料，这是人类最早发明的酒。

一、什么是发酵

发酵是利用微生物在有氧或无氧条件下的生命活动来制备微生物菌体及各种不同代谢产物，并释放能量的过程。根据不同的分类依据，可以把发酵分为不同的类别，如图 3-17 所示。

发酵 { 根据氧气需求情况 { 需氧发酵 厌氧发酵 } 根据发酵生成产物 { 乙醇发酵 乳酸发酵 乙酸发酵 } }

图 3-17　发酵分类

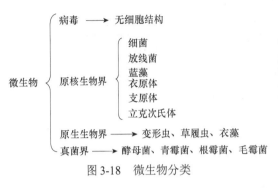

　　图 3-18　微生物分类

发酵离不开微生物。其中，发酵中常用的微生物类型包括细菌、放线菌、酵母菌、霉菌（青霉、根霉、毛霉等），如图 3-18 所示。

二、果酒制作的原理

　　果酒制作主要是通过酵母菌的发酵完成的，酵母菌是最早被人类应用的微生物。酵母菌是单细胞真菌，真核细胞，代谢类型是异养兼性厌氧型。目前已知的酵母菌有 1000 多种，图 3-19 为显微镜下观察的酵母菌及其出芽生殖。

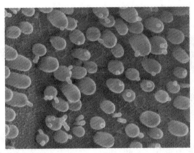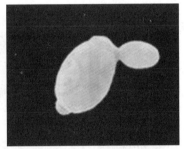

　　图 3-19　酵母菌及其出芽生殖

　　在有氧条件下，酵母菌进行有氧呼吸，将葡萄糖转化为水和二氧化碳，并产生能量。我们吃的馒头、面包松软可口，都是酵母菌在有氧气的环境下产生的二氧化碳受热引起膨胀的结果。

$$葡萄糖 \xrightarrow[有氧]{酵母菌} 二氧化碳+水+能量$$

　　在无氧条件下，酵母菌进行乙醇发酵，通过将糖类转化成为二氧化碳和乙醇来获取能量。

$$葡萄糖 \xrightarrow[无氧]{酵母菌} 乙醇+二氧化碳+少量能量$$

　　温度是酵母菌生长和发酵的重要条件。在一定的温度范围内，随着温度的升高，酵母菌的发酵速度加快，产气量也增加。酵母菌繁殖的最适合温度为 20℃左右，发酵的温度一般控制在 18～25℃。

三、果醋制作的原理

　　乙酸发酵的参与者是醋酸杆菌（图 3-20）。醋酸杆菌是一种好氧型细菌，在有氧条件下才能进行

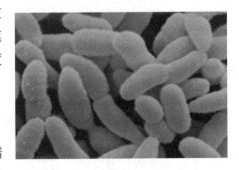

　　图 3-20　醋酸杆菌

旺盛的代谢活动。果汁中的糖是醋酸菌重要的碳源和能源。在有氧条件下，醋酸杆菌将果汁中的糖分解成乙酸；在果酒中缺少糖源的情况下，乙醇便是醋酸杆菌的碳源和能源，它将乙醇变成乙醛，再变成乙酸，这也是果酒能变为果醋的原因。醋酸杆菌是好氧菌，发酵过程中如果缺氧，会引起醋酸杆菌死亡，导致发酵失败。具体过程如下：

$$\begin{cases} \text{当氧气、糖源充足时：糖分} \xrightarrow{\text{醋酸杆菌}} \text{乙酸} \\ \text{当短时间中断氧气时：醋酸菌死亡} \\ \text{当缺少糖源时：乙醇} \longrightarrow \text{乙醛} \longrightarrow \text{乙酸} \end{cases}$$

四、果酒、果醋制作原理和发酵条件的比较

果酒、果醋制作原理和发酵条件的比较见表3-12。

表3-12 果酒、果醋制作原理和发酵条件的比较

比较项目	果酒制作	果醋制作
制作原理	酵母杆菌先在有氧条件下大量繁殖，再在无氧条件下进行乙醇发酵	醋酸杆菌在氧气、糖源充足时，将糖分解成乙酸；当缺少糖源时，将乙醇变为乙醛，再将乙醛变为乙酸
最适发酵温度/℃	18～25	30～35
对氧的需求	前期：需氧。后期：不需氧	需充足氧
pH	酸性环境（5.4～6.3）	酸性环境（3.5～5.3）
发酵时间/d	10～12	7～8

*项目四　地方特色饮料的加工

俗话说，"吐鲁番的葡萄哈密的瓜，库尔勒的香梨人人夸，叶城的石榴顶呱呱"。新疆不但盛产瓜果，坚果也颇有盛名，巴旦木是新疆维吾尔自治区喀什地区的特产，它被称为"新疆四大干果之首"，也被称为"西域圣果"。喀什地区已成为我国巴旦木最大的生产基地，种植面积超过 100 万亩（1 亩≈666.7m²）。巴旦木除了作为坚果食用外，还可以加工成饮料。

任务　巴旦木蛋白饮料的加工

 知识目标

（1）了解巴旦木的营养及加工价值。
（2）掌握巴旦木蛋白饮料的加工工艺流程和基本操作要点。

 技能目标

（1）能根据工艺流程制定生产方案。
（2）能完成巴旦木蛋白饮料的制作。

 职业素养

（1）培养饮料加工制作过程中的质量和安全意识。
（2）提高开发利用地方特色资源的能力。

任务导入

巴旦木是喀什地区种植面积较大的干果，但是儿童和老人难以食用这种干果，有些人希望将其制作成多种形式和口味的产品，巴旦木饮料便是老少皆宜的产品，那么如何

---

* 巴旦木蛋白饮料属于植物蛋白饮料，本不属于果蔬饮料范畴，考虑到新疆地域特色和地方产业特点，特作为地方特色饮料收入本书。

生产巴旦木蛋白饮料呢？

知识准备

一、巴旦木及其营养价值

1. 巴旦木

巴旦木也称扁桃仁、巴旦杏，是蔷薇科李亚科桃属乔木，为世界上著名的木本油料树和干果树种。巴旦木果实如图 4-1 所示。

图 4-1　巴旦木果实

世界主要的巴旦木生产地为美国加利福尼亚州和地中海地区，这两个地区的巴旦木产量占世界总产量的 80% 以上。

我国种植巴旦木的历史已有 1300 多年，规模生产主要集中在新疆的喀什及和田地区，有 3 个种、5 个变种、40 多个品种（系）。

巴旦木的果小，体型扁圆，果肉干涩无汁，不能食用，主要食用其果仁（国家推荐标准称其为扁桃仁），其果仁有特殊的甜香风味。此外，巴旦木树干分泌树脂，含阿拉伯糖 54%～55%、半乳糖 23%～24%。它的果实分泌樱桃树胶，是很好的工业原料。巴旦木的花比较芳香，是较好的蜜源。巴旦木材质坚硬，呈现淡红色光泽，可制成高级细木家具。

2. 巴旦木果仁的营养价值

巴旦木果仁含有粗蛋白 10%～28%、脂肪 54%～61%、氨基酸总量 10.0%、水分 6.4%、总含糖量 8.2%、总还原性糖 7.1%、可溶性糖 2.5%、淀粉 10%～11%、灰分 2.9%～3.2%、纤维素 2.4%～2.6%，并含有少量维生素、苦杏仁酶、多种微量元素等，其中维生素 E 的含量较高。

巴旦木果仁的蛋白质含量略低于苦杏仁、榛子仁、核桃仁，脂肪含量与这些果仁基本接近，但是不饱和脂肪酸含量很高，平均占脂肪酸总量的90%以上。不饱和脂肪酸中，以单不饱和脂肪酸——油酸含量最高（75.89%），其次是亚油酸（15.60%）、棕榈油酸（5.97%），亚油酸和亚麻酸含量适当，既能满足人体保健所需，又具有较好的耐储特性，属优质食用油、也是营养保健油的优质原料。表4-1对新疆巴旦木果仁及其他常见果仁的主要营养成分进行了比较。

表 4-1　新疆巴旦木果仁及其他常见果仁的主要营养成分

成分	巴旦木果仁	核桃仁	苦杏仁	榛子仁
蛋白质/%	10.49	14.90	24.90	20.0
脂肪/%	54.06	58.80	49.60	44.8
水分/%	6.36	6.12	5.62	4.21
氨基酸总量/%	10.05	16.02	9.65	12.02
碘价/（g/100g 油）	110.2	79.3	78.6	85.3
维生素 E/（mg/100g 油）	8.26	4.21	6.38	5.23

3. 巴旦木果仁的药用与保健价值

巴旦木果仁味道甜香，营养丰富，既是传统的健身滋补食品，也是一种药物成分，可用于治疗高血压、神经衰弱、气管炎、咳喘及消化不良、小儿佝偻等多种疾病。

巴旦木果仁中不饱和脂肪酸含量丰富，且不含反式脂肪酸，富含维生素 E，一定程度上有助于肌肤抵御自由基带来的氧化损伤，对防治心血管疾病有良好的作用。

巴旦木果仁中的膳食纤维和蛋白质含量较高，少量的巴旦木果仁既能给人持久的饱腹感，又能提供充分的营养及口味，因此被认为是许多减重食谱中的不错选择。

也有研究表明，在糖尿病患者的餐食中添加巴旦木果仁，能有助于改善低密度脂蛋白、胆固醇水平，降低总胆固醇水平。

二、巴旦木的开发

巴旦木是新疆维吾尔自治区的重要经济特产之一，具有极广泛的开发前景。近年来，喀什等地区的巴旦木产量不断提升。例如2012年，喀什莎车县的巴旦木种植面积达到 5.3 万 hm^2，占莎车县耕地总面积的 1/3 以上，产量突破 2 万 t，产值突破 6 亿元，具有良好的经济、生态和社会效益。

目前常见的巴旦木产品形式如下。

（1）青巴旦木：可以将青巴旦木的果仁作为沙拉的配料或直接食用（图 4-2）。

（2）巴旦木果仁（带皮或去皮）：可直接用于生食或烘烤，作为糖果、糕点的配料或作为原料用于深加工（图 4-3）。

（3）巴旦木片（丝、丁、粉）：主要用于糕点或麦片配料、糕点或甜点装饰、烘烤及调味休闲食品、加工食品、沙拉或乳制品的顶料，以及冰激凌涂层、沙司增稠剂、巴旦木酱和巴旦木膏、糖果配料或馅料、风味强化剂等（图4-4）。

图4-2　青巴旦木

图4-3　巴旦木果仁（带皮或去皮）

图4-4　巴旦木片（丝、丁、粉）

（4）巴旦木奶：主要用于麦片或咖啡的调味、奶昔的配料（图4-5）。

（5）巴旦木馅和酱：主要用作坚果酱，作为巧克力、糖果和糕点的夹心等（图4-6）。

（6）巴旦木油：可以用作烹调油，或用于营养保健品、化妆品、润肤品等（图4-7）。

（7）巴旦木饮料：即以巴旦木果仁为原料，经加工制得的植物蛋白饮料或发酵饮料（图4-8）。

图4-5　巴旦木奶

图4-6　巴旦木馅和酱

图4-7　巴旦木油

图4-8　巴旦木饮料

三、巴旦木蛋白饮料的工艺流程

巴旦木蛋白饮料是以巴旦木果仁为原料，经加工制得的植物蛋白饮料或发酵饮料，属于深加工产品。其成品蛋白质含量不低于 5g/L，或不低于 0.5%（质量浓度）。

1. 工艺流程

巴旦木蛋白饮料的基本生产工艺流程如图 4-9 所示。

原料选择与预处理 → 去皮 → 浸泡 → 打浆过滤 → 调配 → 均质 → 灌装 → 杀菌冷却 → 成品

图 4-9　巴旦木蛋白饮料的基本生产工艺流程

2. 工艺要点

1）原料选择与预处理

如果是新鲜的巴旦木，需要在收获后通过脱青皮、干燥、破壳、清选、分级等环节才能获得巴旦木果仁。其中巴旦木脱青皮是巴旦木采后后续加工利用的关键环节，脱青皮的及时与否，直接关系到巴旦木果仁的商品等级与价格。

（1）脱青皮。

自然脱落法：等果实自然成熟、青皮自然开裂、果实脱落，靠人工剥离。这种方法的优点为果仁饱满，营养价值较高，口感和风味较好；缺点是生产率较低。

机械脱皮法：主要通过挤压和揉搓原理实现巴旦木脱青皮，青皮通过滚筒间隙挤出，核通过出料口出，完成脱青皮过程。新疆农业科学院农业机械化研究所研制有相关的产品。

（2）干燥。目前，巴旦木的干燥主要是依靠农民在沙地上晾晒。这种自然干燥方法的优点是无需任何设备，成本低；缺点是受气候条件约束，卫生条件差、晾干周期长、产品质量不均一。现在也有利用高温空气源热泵干燥的。太阳能热泵组合干燥设备使干燥过程全自动化，缩短干燥周期，可保证产品质量，提高产品附加值。

（3）破壳。破壳是巴旦木加工的关键环节之一。巴旦木壳比杏核软，但有一定韧性，不容易破碎。人工砸取破碎生产率低下，一般利用揉搓、碾压切割方法相结合，采用机械方法破壳取仁，以提高生产率、降低人工劳动强度。例如，2018 年新疆农业科学院农业机械化研究所就成功研制出新型巴旦木破壳机，其可将存在厚度、尺寸差异的巴旦木壳分 3 个等级一次性完成破壳，破壳率 97%左右，且碎仁率仅 2%左右，避免了巴旦木出现二次破碎问题，提高了果仁的完整率。

破壳后的壳仁分离主要采用机械法。常见的有绒辊分离法、带式分离法和磁选法分离法。

对于果仁的选择，一般要求选择色泽新鲜、颗粒丰满、完整、干燥、无虫蛀、口味纯正的巴旦木果仁，用清水漂洗干净。

2）去皮

巴旦木果仁外有褐色种皮，其味苦涩，会严重影响产品色泽和风味，需要去除。少量去皮可以用沸水煮 10min 左右，然后手工把外皮搓掉。规模生产时，可使用碱液脱皮或机械脱皮。

碱液能穿过蜡质层和表皮进入中胶层溶解果胶质，使皮、肉分离，从而达到去皮的目的。对于巴旦木果仁，采用先水浸后碱烫法较合适，处理后脱皮效果好且果仁色白。碱液可选择 0.1%～1% 的氢氧化钠或小苏打，温度为 90～100℃，处理时间视内皮的厚度、温度及碱液浓度而定（一般为 1～3min）。去掉皮的巴旦木果仁置于亚硫酸钠护色液中浸 15min 左右，以利于护色和去除余碱。

3）浸泡

为了防止去皮后的巴旦木果仁发生褐变，将去皮后的巴旦木果仁放入 0.2%～0.3% 的小苏打溶液中浸泡 1h，也可用 3 倍的净化水浸泡 8～12h，使果仁充分吸水膨胀，软化组织。

4）打浆过滤

首先将浸泡后的巴旦木果仁漂洗数次，然后添加纯净水（加水量为果仁的 10 倍），在打浆机中打浆。制得的浆液采用 100 目 4 层筛网过滤，以去除浆液中的大颗粒物质，使产品口感细腻。将分离去渣的浆液经胶体磨精磨 1～2 次，过滤得到巴旦木浆。

5）调配

将打浆后的果仁浆液与调节口味的白砂糖、脱脂奶、增稠剂、乳化剂等按一定的量和比例混合。如果是复合饮料，还需要与其他原料进行混合。

不同的巴旦木混合饮料一般要进行正交试验，按正交试验所确定的最佳配比将巴旦木浆与其他原料混合，充分搅拌使混合均匀。

6）均质

为了使蛋白饮料中的大颗粒细微化，避免出现脂肪上浮或蛋白颗粒聚沉等现象，保持产品的稳定性，需对调配后的浆液进行均质。均质温度控制在 70～75℃，均质压力控制为 20～40MPa。均质可连续进行两次，使物料充分细化、乳化，产品长期稳定，不分层、减少沉淀。

大规模生产时，一般还需要进行排气。即将均质好的巴旦木果仁汁升温到 90℃，保温处理 10～15min，以排除浆液中的空气，并预防灌装前浆液的污染。

7）灌装

对灌装的瓶子和瓶盖进行清洗消毒。一般可用漂白粉水清洗后，用无菌水洗去残氯，再用 75% 乙醇消毒备用。

均质后的巴旦木蛋白饮料的温度控制在 70～80℃，进行灌装并趁热封盖。

8）杀菌冷却

采用高压杀菌（15～20min，121℃），确保产品质量和足够的保质期。杀菌结束后尽快分段冷却至 37℃ 左右。

3. 巴旦木蛋白饮料的一般质量标准

巴旦木蛋白饮料的一般质量标准主要包含感官指标、理化指标和卫生指标。感官指标包括色泽、滋味及气味、组织状态、杂质等；理化指标包括可溶性固形物含量、蛋白质含量、脂肪含量、重金属含量、净重；卫生指标包括细菌总数、大肠菌群、致病菌等。

4. 影响巴旦木蛋白饮料质量的因素及措施

可能存在的影响巴旦木蛋白饮料质量的因素如下。

（1）色变。原料脱皮处理时工艺不适当，导致色变，巴旦木蛋白饮料呈现浅灰色。解决的关键是采用合适的原料脱皮处理工艺，选择恰当的脱皮剂，以确保色泽。

（2）油脂上浮分层。长期储存有油脂上浮的现象，这主要是由于油水乳化的稳定性不好。解决的方法是选择合适的乳化剂种类和用量，保证油水乳化稳定，防止油脂上浮分层。

（3）沉淀。长期储存出现底部沉淀的现象，这主要是由于蛋白质和果仁小颗粒的稳定性差。调节乳液的 pH 使其避开等电点、调节饮料的黏稠度及调节电解质含量等方法是提高蛋白质和果仁小颗粒稳定性的常用手段。巴旦木果仁蛋白质等电点在 pH 4.7 附近，中性时较稳定。巴旦木果仁应尽量磨细，并采用褐藻酸钠、明胶等乳化剂或复合乳化剂作为增稠剂以增加黏度，可提高稳定性。

（4）微生物污染。因为巴旦木饮料营养丰富，是优良的微生物培养基，如果暴露在空气中，短时间内就会被污染而滋生大量的细菌，所以在加工过程中，从磨浆到灌装、杀菌，各个步骤衔接要紧凑，尽量缩短生产周期，减少微生物污染。

杀菌不仅是指饮料的杀菌，还应包括设备、原料、包装物，甚至也包括生产场地、人员等的清洁卫生工作。无论哪个生产环节没有做好严格的杀菌工作，都可能导致饮料的劣变。

料液温度控制的目的是控制微生物的滋生。在生产过程中，如果料液的微生物已经超标，则难以保证最终产品的质量和保质期。可以尽早将料液的温度提高到 70℃以上，并一直保持到灌装完毕。

 任务实施

巴旦木蛋白饮料的制作

【实施准备】

1. 设备清洗

采用 CIP 饮料生产线，方法见项目一任务二。

2. 材料准备

巴旦木果仁、白砂糖、脱脂奶粉、蔗糖酯、单甘酯、黄原胶、羧甲基纤维素钠、小苏打。

【实施步骤】

1. 工艺流程

巴旦木蛋白饮料的基本生产工艺流程见图4-9。

2. 操作要点

（1）原料选择与预处理。生产100kg巴旦木果仁饮料所需原料配比为巴旦木果仁5kg、白砂糖5kg、脱脂奶粉4kg、蔗糖酯0.1kg、单甘酯0.15kg、黄原胶0.05kg、羧甲基纤维素钠0.08kg。

将所有的原料称重，并将挑选后的巴旦木果仁用清水洗净，以去除果仁表面的灰尘与杂质。

（2）去皮。巴旦木果仁置入添加0.5%小苏打的纯净水中煮沸3～5min（巴旦木果仁、水的质量比为1：10），然后捞出用冷水冷却，去皮，漂洗干净。

（3）浸泡。将去皮后的巴旦木果仁放入0.2%～0.3%的小苏打溶液中浸泡1h，也可用3倍的净化水浸泡8～12h。

（4）打浆过滤。浸泡后漂洗数次，添加纯净水，加水比例为果仁的10倍，然后在打浆机中打浆。用100目4层筛网取浆，将分离去渣的浆液经胶体磨精磨1～2次，过滤得到巴旦木浆。

（5）调配。将打浆后的果仁浆液与糖液、脱脂奶粉、蔗糖酯、单甘酯、黄原胶、羧甲基纤维素钠混合，充分搅拌使其混合均匀。物料混合后边搅拌边加热至90℃，然后降温至70～75℃进行均质。

（6）均质。通过均质机处理，均质压力为20～25MPa，温度为70～75℃。

（7）灌装。将巴旦木蛋白饮料加热至80℃以上，灌装到玻璃瓶中，立即密封。

（8）杀菌冷却。在121℃、15min条件下杀菌，杀菌结束后冷却到37℃。

3. 质量指标

（1）巴旦木果仁饮料的质量指标见表4-2。

表4-2　巴旦木果仁饮料的质量指标

质量指标	要求
感官指标	色泽：乳白色 滋味及气味：具有清甜醇厚的巴旦木果仁香味 组织形态：乳液均匀、口感良好，无分层现象，长期静置后允许有少量沉淀 杂质：无肉眼可见的外来杂质
理化指标	可溶性固形物>6.0% 蛋白质≥0.5% 重金属残留符合要求
微生物指标	符合商业无菌要求，致病菌不得检出

（2）加工完成的巴旦木蛋白饮料感官要求应符合表 4-3。

表 4-3　巴旦木蛋白饮料感官要求

项目	要求	分值
色泽	乳白色	2.5
滋味及气味	具有清甜醇厚的巴旦木果仁香味	2.5
组织形态	乳液均匀、口感良好，无分层现象，长期静置后允许有少量沉淀	2.5
杂质	无肉眼可见的外来杂质	2.5

 任务评价

填写表 4-4 任务评价表。

表 4-4　任务评价表

任务名称			姓名		学号	
评价内容		评价标准	配分	评分		
				自评 （占 10%）	组间评 （占 30%）	教师评 （占 60%）
1	基本知识	熟悉概念，能说出巴旦木蛋白饮料制作的流程	20			
2	任务领会与计划	理解任务目标要求，能制定巴旦木蛋白饮料制作方案	10			
3	任务实施	能根据方案实施操作，在规定的时间内完成项目，制作出产品，听从教师指挥，动手操作正确有序	30			
4	项目验收	根据产品相关标准对完成的产品进行评价	10			
5	工作评价与反馈	针对任务的完成情况进行合理分析，对存在的问题展开讨论，提出修改意见	10			
6	职业素养 考勤	不迟到、不早退，中途不离开任务实施现场	5			
	安全	严格按操作规范操作设备	5			
	卫生	生产过程卫生良好，设备和场地清理干净，设备归位，工具、用具摆放整齐，地面无污水及其他垃圾	5			
	团结协作	相互配合，服从组长的安排。发言积极主动，认真完成任务	5			
综合评分（自评分×10%＋组间评分×30%＋教师评分×60%）						
评语						

 任务思考

（1）如何生产巴旦木复合乳饮料（如胡萝卜巴旦木复合饮料）？

（2）如何生产发酵型巴旦木酸乳饮料？

参 考 文 献

陈月英，王林山，2015. 饮料生产技术 [M]. 2版. 北京：科学出版社.

程卫东，李琳，刘娅，2007. 新疆色买提白杏果肉汁饮料的生产工艺研究 [J]. 食品科技（3）：180-182.

都凤华，谢春阳，2011. 软饮料工艺学 [M]. 郑州：郑州大学出版社.

高愿军，杨红霞，张世涛，2012. 饮料加工技术 [M]. 北京：中国科学技术出版社.

中华人民共和国国家卫生和计划生育委员会，国家食品药品监督管理总局，2017. 食品安全国家标准 饮料生产卫生规范（GB 12695—2016）[S]. 北京：中国标准出版社.

侯建平，2004. 饮料生产技术 [M]. 北京：科学出版社.

胡广州，2010. 小白杏汁饮料的开发及其生产工艺研究 [J]. 饮料工业，13（11）：8-11.

胡小松，蒲彪，廖小军，2002. 软饮料工艺学 [M]. 北京：中国农业大学出版社.

黄来发，1996. 蛋白饮料加工工艺与配方 [M]. 北京：中国轻工业出版社.

吉喆，叶志军，1998. 新疆野生巴旦杏仁蛋白饮料生产工艺 [J]. 食品科学，19（10）：36-38.

蒋和体，2008. 软饮料工艺学 [M]. 重庆：西南师范大学出版社.

李芳，孔令明，杨清香，等，2009. 巴旦杏蛋白饮料的工艺优化及其稳定性研究 [J]. 现代食品科技，25（7）：786-789.

李勇，2006. 现代软饮料生产技术 [M]. 北京：化学工业出版社.

李瑜，2007. 复合果蔬汁配方与工艺 [M]. 北京：化学工业出版社.

蔺毅峰，2006. 软饮料加工工艺与配方 [M]. 北京：化学工业出版社.

莫慧平，2001. 饮料生产技术 [M]. 北京：中国轻工业出版社.

潘杨，2009. 巴旦木植物蛋白发酵饮料工艺及稳定性研究 [D]. 乌鲁木齐：新疆大学.

时慧，刘军，郑力，等，2010. 巴旦木蛋白饮料的加工工艺及稳定性研究 [J]. 中国酿造，29（9）：89-93.

孙月娥，明鸣，王卫东，等，2011. 巴旦木蛋白提取工艺 [J]. 食品科学，32（18）：19-23.

田呈瑞，徐建国，2005. 软饮料工艺学 [M]. 北京：中国计量出版社.

吐鲁洪·吐尔迪，刘小龙，刘旋峰，等，2015. 新疆巴旦木加工机械现状及解决的技术问题 [J]. 农机化研究，37（1）：254-257.

万成志，1995. 几种红枣饮料加工技术 [J]. 食品科学，16（5）：71-74.

万定良，万安良，宋新生，1996. 果蔬饮料生产技术 [M]. 南昌：江西科学技术出版社.

吴光旭，1998. 厚皮甜瓜浑浊汁的加工与质量控制 [J]. 食品工业科技（4）：43-44.

吴晓菊，谢亚利，2013. 大豆巴旦木植物蛋白饮料的工艺研究 [J]. 农产品加工（8）：34-35.

吴晓菊，张志强，2017. 巴旦木百合乳饮料的研制 [J]. 新疆畜牧业，32（11）：44-46.

杨红霞，2015. 饮料加工技术 [M]. 重庆：重庆大学出版社.

张淑平，周冬香，严伯奋，等，2000. 巴旦木的营养评价及乳饮料的开发 [J]. 食品工业科技（1）：36-38.

郑力，2006. 巴旦杏仁蛋白饮料的工艺研究 [J]. 食品工业科技，27（2）：108-109.

中华人民共和国国家卫生和计划生育委员会，2014. 食品安全国家标准 食品添加剂使用标准（GB 2760—2014）[S]. 北京：中国标准出版社.

中华人民共和国国家卫生和计划生育委员会，2015. 食品安全国家标准 食品工业用浓缩液（汁、浆）（GB 17325—2015）[S]. 北京：中国标准出版社.

中华人民共和国国家卫生和计划生育委员会，2015. 食品安全国家标准 饮料（GB 7101—2015）[S]. 北京：中国标准出版社.

中华人民共和国国家质量监督检验检疫总局，中国国家标准化管理委员会，2014. 果蔬汁类及其饮料（GB/T 31121—2014）[S]. 北京：中国标准出版社.

中华人民共和国国家质量监督检验检疫总局，中国国家标准化管理委员会，2014. 苹果醋饮料（GB/T 30884—2014）[S]. 北京：中国标准出版社.

中华人民共和国国家质量监督检验检疫总局，中国国家标准化管理委员会，2015. 饮料通则（GB/T 10789—2015）[S]. 北京：中国标准出版社.

中华人民共和国卫生部，2011. 食品安全国家标准　预包装食品标签通则（GB 7718—2011）［S］. 北京：中国标准出版社.

中华人民共和国卫生部，2011. 食品安全国家标准　预包装食品营养标签通则（GB 28050—2011）［S］. 北京：中国标准出版社.

中华人民共和国卫生部，2012. 食品安全国家标准　食品营养强化剂使用标准（GB 14880—2012）［S］. 北京：中国标准出版社.

中华人民共和国卫生部，2013. 食品安全国家标准　食品生产通用卫生规范（GB 14881—2013）［S］. 北京：中国标准出版社.

中华人民共和国卫生部，中国国家标准化管理委员会，2006. 生活饮用水卫生标准（GB 5749—2006）［S］. 北京：中国标准出版社.

祝战斌，蔡健，2008. 软饮料加工技术［M］. 北京：中国农业出版社.